Die Energiefeld-Theorie©
Das Universum als Energiesystem
Energiepotential gegen Massenanziehungskraft.

**Das Buch „Die Energiefeld-Theorie" gibt Antworten auf die Fragen:**

Was ist Massenanziehungskraft oder Schwerkraft?
Was ist Licht oder sonstige elektromagnetische Strahlung?
Wie wird Licht und Energie über weiteste Entfernungen übertragen?
Was ist Energie und wo kommt die Energie her?
Die Energiefeld-Theorie gibt darauf verblüffend einfache Antworten und der Leser muss kein studierter Wissenschaftler sein, alles ist allgemein verständlich. Lesen Sie die Energiefeld-Theorie und bilden Sie sich selbst Ihre Meinung zu den Vorgängen in unserem Lebensraum und im Universum.
Sie werden unsere Welt mit anderen Augen sehen!

Günter von Quast

# Die Energiefeld-Theorie©
# Das Universum als Energiesystem
# Energiepotential gegen Massenanziehungskraft.

Einsteins Fata Morgana und Einsteins Quantensprung

**Bibliografische Information der Deutschen Nationalbibliothek**
Die Deutsche Nationalbibliothek verzeichnet diese Publikation
in der Deutschen Nationalbibliografie; detaillierte bibliografische
Daten sind im Internet über http://dnb.d-nb.de abrufbar.

© 2011 Günter von Quast
Umschlagbild: fotolia.com
Umschlagdesign, Satz, Herstellung und Verlag:
Books on Demand GmbH, Norderstedt
ISBN  978-3-8448-5490-9

# Inhalt

| | |
|---|---|
| Vorwort | 11 |
| Kapitel 1: Definitionen | 15 |
| 1.1 Behauptungen | 15 |
| 1.2 Daraus folgt die Neudefinition | 17 |
| 1.3 Erkannte Auffälligkeiten | 20 |
| Kapitel 2: Postulate zur Energiefeld-Theorie | 22 |
| 2.1 Es gibt keine Massenanziehungskraft | 22 |
| 2.2 Es gibt keinen Urknall, der die vorhandene Materie hervorbrachte | 22 |
| 2.3 Elektromagnetische Wellen gibt es so nicht, es sind Energie-Druckwellen im Potentialfeld der Raum-Energie | 23 |
| 2.4 Photonen sind Energie-Druckwellen über ein Zeitintervall und haben keine Teilcheneigenschaften | 26 |
| Kapitel 3: Definition und Folgerung aus der Energiefeld-Theorie | 32 |
| 3.1 Das Schwingungsverhalten der Atome ist Strahlung mit Energieaustausch | 32 |
| 3.2 Atome speichern Energie und geben sie auch wieder ab | 34 |
| 3.3 Die Masseneigenschaft der Materie | 42 |
| 3.4 Erdbeschleunigung und Horizontal-Beschleunigung sind gleichwertig | 47 |
| 3.5 Energie und Masse stehen in systembedingter Wechselwirkung aus dem Naturgesetz: Energie geht nicht verloren | 50 |

| | | |
|---|---|---|
| 3.6 | Atome speichern Energie und tauschen ihre Bindungskräfte aus | 53 |
| 3.7 | Die Elektronen schwingen mit | 55 |

## Kapitel 4: Am Anfang war das Nichts — 59

| | | |
|---|---|---|
| 4.1 | Von nichts kommt nichts | 60 |
| 4.2 | Alles hat einen Anfang und sein Ende | 61 |
| 4.3 | Energie geht nicht verloren, denn Aktion ist gleich Reaktion: | 64 |
| 4.4 | Das Universum ist bipolar aufgebaut | 67 |
| 4.5 | Die Energie für sich ist im Prinzip raumlos, zeitlos und in der Menge örtlich konstant, aber an Zeit gebunden | 71 |
| 4.6 | Energie ist in ihrem Ursprung die Raum-Energie und hat die Eigenschaften von einem Potentialfeld | 75 |
| 4.7 | Die Energie ist an Masse gebunden und umgekehrt: | 83 |
| 4.7.1 | Welche Energie steckt in der Materie? | 84 |
| 4.7.2 | Welche Energie steckt in der beschleunigten Masse? | 87 |
| 4.7.3 | Welche Energie steckt in der angehobenen Masse? | 88 |
| 4.7.4 | Welche Energie steckt zwischen zwei getrennten Massen? | 89 |
| 4.7.5 | Wie groß ist die Gravitationskraft zwischen zwei Massen? | 90 |
| 4.7.6 | Was sagen die Faktoren „G" und „g" aus? | 93 |
| 4.8 | Materie ist kondensierte Raum-Energie durch Unterdruck-Kondensation aus Vorgängen in den schwarzen Löchern der Galaxien. | 95 |

| | | |
|---|---|---|
| 4.9 | Das Feld der Raum-Energie überträgt die Strahlung aller Arten | 98 |
| 4.10 | Protonen und Neutronen sind Bausteine der Materie und verdrängen die Raum-Energie mit ihrem Eigenvolumen der Atomkerne | 100 |
| 4.11 | Der Urknall findet laufend statt, aus Raum-Energie wird Materie | 102 |
| 4.12 | Materie in Form von Atomen nimmt Raum ein | 104 |
| 4.13 | Die Raum-Energie steht in engster Wechselwirkung mit den Materie-Teilchen und ermöglicht somit die Übertragung von Strahlung | 109 |
| 4.14 | Materie in Form von Sonnen und Planeten nimmt unter der Einwirkung der Raum-Energie naturgemäß den kleinstmöglichen Raum ein | 110 |
| 4.15 | Die Materie ist mit potentieller Energie verbunden | 113 |
| 4.16 | Die Kernfusion ist die Quelle der nutzbaren Energieformen | 120 |
| 4.16.1 | Die Starke Wechselwirkung der Materie | 121 |
| 4.16.2 | Die Schwache Wechselwirkung der Materie | 124 |
| 4.16.3 | Die tödliche Fusions-Strahlung ist die Grundlage irdischen Lebens | 125 |
| 4.17 | Das Licht entsteht durch Kugel-Schwingung der Atomkerne | 127 |
| 4.18 | Die Elemente der Materie bestimmen die Frequenzen der Strahlung | 129 |

4.19 Strahlung hat direkte Rückwirkungen auf die Materie ... 130
4.20 Das Feld der Raum-Energie transportiert und leitet das Licht ... 131
4.21 Einsteinsche Fata Morgana ... 133
4.22 Das Feld der Raum-Energie verstärkt und lenkt die Lichtdurchleitung ... 139
4.23 Das Potentialfeld der Raum-Energie schwächt die Frequenz der Strahlungen in Richtung Rotverschiebung ... 144
4.24 Die Lichtgeschwindigkeit bildet eine Übertragungs-Grenze ... 149
4.25 Licht und Radio-Strahlungen sind Energie-Druckwellen im Feld der Raum-Energie ... 152
4.26 Licht wirkt auf die Atome der Materie unterschiedlich ein und induziert auch Energiesprünge, die Grundlage der Quantentheorie sind ... 160
4.27 Einsteins Quantensprung ... 161
4.28 Vorgänge in der Chemie und Biologie stehen im engen Zusammenhang zu dem Feld der Raum-Energie ... 163
4.29 Teilchenstrahlung ist ein eigener Bereich der Energieübertragung ... 165
4.30 In Atomen gespeicherte Raum-Energie aus der Entstehungsphase der Atome wird auch wieder freigesetzt ... 167
4.31 Zusammenhänge von Energie-Feld und elektrischen Feldern ... 169

Kapitel 5: Allgemeine Ableitungen, Folgerungen und Erklärungen zu den Vorgängen zu dem uns einsehbaren Universum — 173

    5.1 Wie entsteht eine Galaxie im Potentialfeld der Raum-Energie? — 175

    5.2 Im dem uns bekannten Universum entstanden schon unzählige Galaxien — 184

    5.3 Wie entstehen Sonnen bzw. leuchtende Sterne in den Schweifen der Galaxien? — 187

    5.4 Energiepotentiale im Umfeld unseres Planeten Erde — 192

    5.5 Die Gravitation der Erde in Beziehung zur Sonne und dem Mond — 195

    5.6 Die Systeme hängen durch das Energiepotential zusammen — 201

    5.7 Das Energiepotential tauscht sich in einem Gesamtsystem aus und ist die Grundlage für die Gravitation — 202

    5.8 Die Gravitations-Gesetze gelten nur für ein definiertes Inertialsystem — 205

    5.9 Der Urknall findet laufend statt — 209

    5.10 Woher könnten die Galaxien kommen? — 213

    5.11 Wie haben wir unsere Erde relativ zu dem Universum zu sehen? — 223

Kapitel 6: Folgerungen — 225

    6.1 Offene Fragen, die zu klären sind — 228

    6.2 Meine Behauptungen zur Existenz der Raum-Energie — 230

Schlusswort — 234

Literatur- und Bild-Hinweise — 241

# Vorwort

Es gibt, solange das denkende Lebewesen Mensch in dieser Welt ist, immer wieder neue Modelle und Theorien zum Universum, die von Menschen für Menschen entwickelt wurden. Theorien und Glaube sind aber nicht Wissen! Der Glaube existiert nur in der gedanklichen Vorstellungswelt des Menschen und daraus abgeleiteten Reden, Schriften, Bildern und Symbolen.

Nur was wirklich beweisbar ist, fällt aus dem Glauben heraus und wird dann auch von der Menschheit als Wissen akzeptiert. Eine Vielzahl der Theorien und Modelle sind aber bis heute noch nicht beweisbar. Es werden dann aber angebliche Beweise konstruiert, die den Menschen glauben machen sollen, so ist es und nicht anders. Von daher stehen die meisten Menschen neuen Theorien und Glaubensrichtungen vorerst sehr skeptisch gegenüber. Erst wenn es Beweise gibt, wird sich die Akzeptanz für neue Erkenntnisse erhöhen.

Der Glaube, die Erde ist der Mittelpunkt der Gestirne, war seit Aristoteles fest verankert. Ebenso die ältere Theorie, die Erde ist eine Scheibe und alles Irdische wird von „Außen" gesteuert, sowie der Begriff „Himmel" gehören zu diesen Glaubensbereichen. Alle Versuche, diesen verschiedensten Theorien und Glaubensbereichen mit Beweisen entgegenzutreten, ist trotz der Erkenntnisse von Kopernikus, Keppler und Galileo-Galilei von den jeweiligen Machthabern und Vertretern verschiedenster Glaubensrichtungen über Jahrhunderte hin immer wieder bekämpft worden bis zu

Todesurteilen und Abschwörungen, trotz logischer und praktisch reproduzierbarer Beweise der Wissenschaftler. Dabei müssten die Glaubensvertreter, die ihren Gott als Schöpfer des Universums ansehen und auf Erden ihrer Meinung nach vertreten, selber daran interessiert sein, wie dessen Schöpfung zusammenhängt, was sie bietet und wie sie sich auch weiterentwickelt.

Inzwischen liegen gegenüber den vor Jahrhunderten aufgestellten Theorien Beweise vor, die somit das Umdenken ermöglichten.

Heute ist die Ansicht für eine Mehrzahl an Theorien eine andere, die Toleranz gegenüber neuen Erkenntnissen ist besser geworden. Es kann nicht mehr behauptet werden, es gibt nur die eine Erkenntnis und alles andere wird ausgegrenzt. Von daher kann man auch nicht annehmen, dass die bisher hervorgebrachten Theorien aus dem 20. Jahrhundert das Ende der Erkenntnisse sein sollen. Es wird und muss Weiterentwicklungen geben, denn die bisherigen Theorien zu unserem Universum haben in sich, auch von den Wissenschaftlern selbst zugegeben, noch erhebliche Lücken und Unerklärlichkeiten.

Die bisherigen Theorien leiten sich von der Annahme ab, das Universum bestehe aus Materie mit Massenanziehungs-Eigenschaften, die sich im total leeren Raum in ihrer bisherigen Form zusammengefunden hat. Ausgehend von einem sogenannten Urknall soll das Universum die vorhandene Materie mit ihren heutigen Strukturen hervorgebracht haben. Es wird nach einer Weltformel gesucht, die alles erklären und die verschiedensten Theorien in einen Gesamtzusammenhang bringen soll.

Den bisher hervorgebrachten Theorien kann man augenscheinlich nicht folgen, wenn man sich weitergehende Gedanken zur Kosmologie macht, wie das alles zusammenhängen könnte. Von daher wird meine Behauptung, es gibt keine Massenanziehungskraft, sondern nur Energiepotentiale im Feld der Raumenergie, von vielen Mitmenschen abgelehnt werden. Die praktischen Erfahrungen und die geltenden physikalischen Definitionen der Himmelsmechanik und der Strahlungs-Theorien stehen als bisherige Physik und veröffentlichte Beweise dem entgegen. Sogar Albert Einstein hat die vor über einhundert Jahren aufgestellten Äther-Theorien verworfen und das mit Messungen der Lichtgeschwindigkeit belegt, und die Lichtgeschwindigkeit als absolut erklärt und diese sei somit nicht dem Dopplereffekt unterworfen, was gemäß den Äthertheorien möglich gewesen wäre. Aber wer konnte in den Jahren um 1910 diese Lichtgeschwindigkeit relativ zu einem erdgebundenen System genau genug messen und sagen, was ist Licht. Seit dem wurden die Äther-Theorien aufgegeben, da kein Träger als Medium nachgewiesen werden konnte. Dass die Rot-Verschiebung des Lichts heutzutage mit der Expansion des Universums, also der Wegdehnung erklärt wird, war damals nicht bekannt, erst ab den Jahren nach 1929 durch die Erforschungen des Edwin Hubble.

Weitere Theorien, wie die Quantenmechanik und die String-Theorien bis hin zur M-Theorie streifen nur Teile der Erklärungsmodelle zur Entstehung des Universums und basieren auf undurchschaubaren mathematischen Rechenmodellen und Teilversuchen, die eine Wirklichkeit erklären sollen. Auch die heutigen Veröffentlichungen in den Fachbeiträgen verschiedenster Medien gehen immer noch von dem seit Jahrzehnten bestehenden Modell vom Urknall aus und viele groß angelegte Forschungsaufträge verfolgen diese Richtung, für die Urknall-Theorie Beweise zu finden.

Die verschiedensten Theorien mit ihren Widersprüchen und Deutungen haben mich seit Jahren veranlasst, ein Erklärungsmodell zu schaffen, das die vielen Erkenntnisse zusammenfast, und ein in sich schlüssiges und logisches System verfolgt. Hiermit stelle ich eine Theorie auf, die sich auf ein einfaches, verständliches Erklärungs-Modell bezieht, die Quastsche Energiefeld-Theorie©. Das Bohrsche Atommodell, die Einsteinschen Theorien und auch das Wellenmodell nach Erwin Schrödinger werden mit einbezogen. Aus diesem Ansatz können weitergehende Modelle entwickelt werden, die auch bisherige mathematische Ansätze in neuem Licht erscheinen lassen werden.

# Kapitel 1: Definitionen

Die Theorie vom Energiefeld und den logischen Ableitungen daraus

Ich, Günter von Quast, behaupte:
**Die Quastsche Energiefeld-Theorie erklärt das Universum aus logischer Ableitung.**

In dieser Abhandlung werden Postulate und mögliche Nachweise zum Thema, wie können wir uns das bisher einsehbare Universum erklären, in verschiedenen Abschnitten und Perspektiven in Bezug zu den bisher aufgestellten Theorien zur Kosmologie betrachtet und zusammengestellt.

## 1.1 Behauptungen

1. Es gibt nur das Energiepotential einer Masse in Bezug zu anderen Massen.
   Eine Massen-Anziehungskraft oder Schwerkraft zwischen den Massen, die aus den Atomen der irdisch bekannten Elemente bestehen, ist bis heute nicht nachgewiesen worden. Auch Albert Einstein hat es nicht vermocht, diese Frage physikalisch und mathematisch endgültig aufzuklären.

2. Jede Art von Materie, die aus Atomen der uns bekannten Elemente besteht, trägt eine Masseneigenschaft in sich. Die Masseneigenschaft ist ein Energiespeicher, die jeglicher Veränderung in der Position im

Raum eine Kraft entgegensetzt, die Energieeinträge oder Energieabflüsse erfordert.

3. Jede Masse trägt sein eigenes Energiepotential in Bezug auf seinen Entstehungsort als eine Art Genealogie zu seinem Ursprung der Entstehung der Materie in sich. Dieses Energiepotential ist vom jeweiligen Standort der Masse in Bezug auf andere Massen individuell, bis in die Struktur der einzelnen Atome hinein. Das jeweilige Energiepotential in Bezug zum Universum ist der Masse selbst mitgegeben.

Das individuelle kinetische Energiepotential einer Masse wurde durch äußere Energien der jeweiligen Masse durch Energie-Impulse mitgegeben. Jede Veränderung dieser Impuls-Energie hat eine Kommunikation mit Energieaustausch zu anderen Massen mit deren jeweiliger Pulsenergie zur Folge. Der Energieaustausch durch Zusammenstoß oder Adhäsion, insbesondere der meist ionisierten Teilchen, mit den jeweiligen Ergebnissen durch Energie-Kumulierung, Energieaufnahme oder Energieabgabe, ist das Ergebnis für das neue Energiepotential dieser Masseeinheiten und gilt bis hin zu den großen Objekten, den Sonnen, Planeten und Monde.

4. Die Materie selbst besteht letztendlich für sich aus Energie mit der Eigenschaft der Massenträgheit. Es geht keine Energie verloren, sie wird unter den Massen nur aufgeteilt in andere kinetische Energiearten wie Rotations-, Impuls-, Schwingungs-, Reibungs-, Kristallisations-, Wärme und chemische Bindungsenergien und

zusätzlich den atomaren Ionisations-, Strahlungs-, und Fusions-Energien. Aus der Physik ist bekannt, dass sich jede Masse und damit auch die Materie, gemessen in kg, nach dem CGS-System in die entsprechende Maßeinheit von Energie (erg) umrechnen lässt: Materie von einem Kilogramm hat den Ruhmasse-Energiewert von $9 * 10^{23}$ erg. Ein erg entspricht etwa der Ruhemassenenergie von 1000 Atomen. Von daher ist Materie Energie und umgekehrt.

5. Bei den Vorgängen der Atomspaltung und Atomfusion wird die beteiligte Materie zum Teil wieder in Raum-Energie zurückgewandelt und verliert somit Volumen- und Masseanteile. Das sollten sich die Atomwissenschaftler mal genauer ansehen, wo ihre Neutrinos eigentlich bleiben und woraus diese bestehen sollen.

## 1.2 Daraus folgt die Neudefinition

**Eine Massen-Anziehungskraft gibt es nicht, es gibt nur Energiepotentiale der Massen im Potentialfeld der Raum-Energie.**

Der physikalische Begriff „Gravitation" ist neu zu definieren!
Um keine anderen Bezeichnungen einzuführen ist der Begriff **Massenanziehungskraft oder Schwerkraft** zu ersetzen durch den auch bisher üblichen Begriff: **Gravitation**

Gravitation ist ein Maß für das Energiepotential der Masse zu anderen mit ihr in Bezug zum Entstehungsort energetisch verbundenen Massen. Die Massen streben im Energiefeld das kleinste Volumen an, das ist die Kugelform. Abweichungen von der Kugelform sind durch Energieeintrag auf die Masse, z.B. Zentrifugal- oder Beschleunigungskräfte verursacht, oder sind durch inneren Gegendruck, Reibung und Adhäsion bedingt.

Die Gravitation ist somit ein Wert, der den energetischen Bezug zu allen anderen Massen bewertet, die den selben Entstehungs-Ursprung haben und somit auch relativ zum Weltraum, dem Universum. Die Gravitations-Beschleunigung „g" und die Gravitations-Konstante „G" sind vom Ort, und somit von dem Inertialsystem im Universum abhängig. Sie können an anderen Orten im Universum andere Werte haben, abhängig vom jeweiligen Potential-Druck der Raum-Energie und der Konzentration der Materieansammlung, die Raumenergie verdrängt.

Die Gravitations-Konstante „G" und die Gravitations-Beschleunigung „g" sind Werte für das Bestreben im Raum unter dem Potential-Druck der Raum-Energie in Bezug zu anderen Massen den kleinsten Raum einzunehmen. Die Gravitations-Beschleunigung ist ein Maß für die Feld-Verzerrung des Potentialfeldes der Raum-Energie.

Dieses Naturgesetz widerspricht der üblichen Regel zur Definition der Schwerkraft durch Isaac Newton aus dem Jahr 1686. Die Formeln zur Definition und zum Beweis der Massenanziehungskraft sind wegen der Neudefinition aber nicht falsch. Diese Beziehungsformeln müssen nur mit der Berücksichtigung des tatsächlichen Energiepotentiales umgestellt, erweitert oder korrigiert werden. Es gibt nur minimale Abweichungen, sie sind aber systemrelevant. Über diese Neudefinition „Energiepotential" statt Massenanziehungskraft lassen sich die bekannten Unerklärlichkeiten bei Anwendung der Newtonschen Formeln den Realitäten anpassen, da diese sich auch nur auf unser bekanntes Inertialsystem, dem Umfeld des Sonnensystems und im weiteren Sinne auch auf unsere Galaxie, der Milchstraße, beziehen können.

Galileo-Galilei, Newton, Einstein und viele weitere Forscher haben uns ein physikalisches Weltverständnis hinterlassen, das im Großen und Ganzen funktioniert. Leider aber war es diesen Wissenschaftlern nicht gegeben, die Ursache der sogenannten **Massenanziehungskraft und Massenträgheit** zu erklären und mathematisch zu beweisen. Das hätte ihr Werk krönen können. Sie waren in der zu ihrer Lebenszeit allgemein herrschenden Gedanken- und Glaubenswelt mit der Massenanziehungskraft eingebettet. Eine Lösung des Problems ist der Wissenschaft bis heute nicht gelungen. Es werden Korrekturwerte wie „Dunkle Materie" oder „Dunkle Energie" in unbekannter Größe mit angeführt, um die Korrektur der Newtonschen und Einsteinschen Gesetze in Bezug auf Galaxien und das Universum zu ermöglichen. Die Schwerkraft und das Masseverhalten der Materie wird nach Einstein mathematisch mit Bahnbewegungen dargestellt, in denen sich die Fliehkräfte aus Änderung der Bewegung auf gekrümmten Bahnen als Gravitation, bezogen auf die Raum-Zeit, darstellen könnte.

Dabei ist das Umdenken vom Begriff Massen-Anziehungskraft oder Schwerkraft auf den Begriff „Energiepotential der Massen in Bezug zueinander mit dem Bestreben zum kleinsten Raumbedarf" nur ein kleiner Schritt und bezeichnet nach wie vor das Naturgesetz der Gravitation. Ursache und Wirkung sind logisch einzuordnen.

## 1.3  Erkannte Auffälligkeiten

Der Abstand Erde – Mond ist mit +/-10m nicht genau genug mit den Newtonschen Formeln erklärbar.
$F(r) = -G * (m_1 * m_2 / r^2) * e_r$
Die Lokalzeit ist nicht erklärbar mit den Abweichungen und laufend notwendigen Korrekturen für das GPS-System. Einsteinsche Relativitätstheorie.
Galaxienbilder sind nicht erklärbar mit Verzerrungen und Doppelbilder von ferneren Galaxien.
Der Urknall ist mathematisch nach den vorherrschenden Modellen nicht erklärbar, die Werte in den physikalischen Formeln werden unendlich groß.
Die zur Korrektur mathematisch eingeführte „Dunkle Energie" ist noch nicht gefunden und wertmäßig definierbar.
In der Atomforschung sind Verluste von Energie festzustellen, die noch nicht erklärbar sind (Tevatron).
Es fehlt eine Weltformel, die manches im Universum erklären könnte. Man sucht nach Gravitonen, die eine Verbindung zwischen Materie, Dunkle Energie und Raum darstellen.
Hinweis Quelle 12:
Des weiteren: Man sucht im CERN nach dem Higgs-Teilchen

und Higgs-Boson, das die Atomkerne zusammen hält und deren Masseneigenschaft begründen soll.

Die Berechnung der Galaxien-Formen stößt bei Anwendung der Newtonschen und Einsteinschen Gesetze für die Massenanziehungskraft zu sich explosionsartig ausbreitenden oder sich zu einem Haufen zusammenziehenden Gebilden. Man sucht von daher nach der „Dunklen Materie" und der „Dunklen Energie", die das alles zusammenhält oder in Bewegung versetzt.

Die Quantentheorie lässt viele noch nicht beantwortete Fragen offen. Auch Veröffentlichungen zum Jahr der Astronomie 2009 brachten nach dem Stand der Erkenntnisse noch keine schlüssigen Beweise für die Theorie vom Urknall bis hin zu den sichtbaren Erkenntnissen aus dem heutigen Universum.

Diese offenen Fragen und Unerklärlichkeiten sind für mich Anlass, meine seit Jahren durchdachten Vorstellungen von einem energetischen System hiermit aufzuschreiben. Es kann der bisherige Wissensstand über das Universum nicht das Ende der Erkenntnisse sein!

# Kapitel 2: Postulate zur Energiefeld-Theorie

Jede Theorie benötigt Postulate, um sich zu erklären und wenn möglich auch in der Praxis zu beweisen. Voraussetzung sind Grundsätze, die Rahmen-Bedingungen für den Glauben an die Theorie sowie das Verständnis und zum Teil auch Beweise für das Wissen bereitstellen.

Unser von der Wissenschaft bisher veröffentlichtes Bild vom Universum ist neu zu definieren. Von daher behaupte ich:

## 2.1 Es gibt keine Massenanziehungskraft

Es gibt anstatt der sogenannten Massenanziehungskraft das Energiepotential einer Masse in Bezug zu anderen Massen, die einander einen gemeinsamen Ursprung, nämlich den Entstehungsort der Materie haben. Das ist dann die neu zu definierende Gravitation.

## 2.2 Es gibt keinen Urknall, der die vorhandene Materie hervorbrachte

Es gibt eine Entwicklung, in der zunächst ein Prozess laufend die Raum-Energie hervorbringt und ein weiterer Prozess, in dem laufend Raum-Energie in Materie umgewandelt wird. Diese Entwicklung ist auch umkehrbar.

Dieser Prozess der Materiebildung erfolgt überwiegend in den Zentren der Galaxien. Von diesem Entstehungsort aus hat jedes einzelne Atom der Materie über seine physikalische Massen-Eigenschaft das dazugehörige kinetische Energiepotential in Form von Translations-, Schwingungs- und Rotations-Energie und die innere, atomare Kern-Energie mitbekommen. Das System kann sich aufbauen aber auch untergehen, denn Materie kann auch wieder in Raum-Energie zurückgewandelt werden.

Der Urknall, also das Hervorbringen der Materie, findet somit laufend in den Galaxien mit ihren unterschiedlichsten Strukturen statt. Als Ursprung des Universums ist von daher als Singularität primär die Entstehung eines **Energiepotentials** anzunehmen und mit dem sogenannten Urknall in Verbindung zu bringen. Das steht im Gegensatz zur offiziell anerkannten Theorie vom Higgs-Feld, welche sich aus der Theorie vom singulären Urknall heraus erklärt. In dieser Theorie werden aber immerhin ein Feldcharakter sowie ein fortschreitender Wandlungsprozess und auch ein Masseverhalten der Materie abgeleitet. Hinweis Quelle 3.

## 2.3 Elektromagnetische Wellen gibt es so nicht, es sind Energie-Druckwellen im Potentialfeld der Raum-Energie

Licht, Wärme und elektrische Senderstrahlungen von der Langwelle über Mikro-Welle und Licht bis hin zur Gamma-Strahlung sind keine elektromagnetischen Wellen mit den damit verbundenen elektromagnetischen Feldern oder eventuell Teilchen-Ströme von Photonen über große Entfernungen, sondern **Energie-Druckwellen im Potentialfeld**

**der Raum-Energie.** Die Druckwellen stammen von in vielfältigsten Kugelformen schwingenden und rotierenden Atomkernen. Diese Schwingungen verzerren das Energie-Feld und werden in dem von uns einsehbaren Universum mit Lichtgeschwindigkeit im Feld der Raum-Energie im jeweiligen Abstrahlungswinkel kugelförmig oder gerichtet fast verlustfrei und mit nur geringer Dämpfung in Amplitude und Frequenz weitergeleitet. Die Weiterleitung erfolgt einerseits in Form von longitudinalen Druckwellen, die eine örtliche Positionsänderung, also eine Feldverzerrung des Energiefeldes hervorrufen, und andererseits durch transversale gravitative Potentialänderung des Druckes im Feld der Raum-Energie, also eine Änderung des örtlichen Energieniveaus.

**Die Weiterleitung abgestrahlter Energie erfolgt durch Energie-Druckwellen mit entsprechender Frequenz kugelförmig im Feld der Raum-Energie.** Die Fortpflanzung erfolgt aufgrund der Kugelschwingung in einer Mischung von longitudinalen und transversalen Druckschwingungen. Es ist eine Anstoßenergie, die in einem Potentialfeld eine momentane Feldverzerrung hervorruft und von Ort zu Ort mit Lichtgeschwindigkeit weitergeleitet wird. Die geringe Dämpfung ergibt sich aus den fehlenden inneren Beschleunigungs- und Reibungsverlusten infolge der Masselosigkeit des Feldes der Raum-Energie.

Da in der Materie immer unzählbar viele Atome bei der Strahlung mit ihren statistischen Schwingungsmustern mitwirken, ist ein Richtungsverhalten oder Polarisation aus dem Schwingungsmuster der Atomkerne allgemein nicht vorhanden. Die Schwingungsmuster der Atomkerne und der mitwirkenden Elektronenschalen sind aber von Element zu Element sehr charakteristisch und somit die Grundlage für die Spektralanalyse.

**Das Feld der Raum-Energie ist ein Potentialfeld, das Energie in Form von Licht und sonstiger Strahlung von einem Ort zum anderen verlustfrei leiten kann. Das Feld der Raum-Energie ist aber kein elektromagnetisches Feld und auch kein Medium oder Äther, sondern ein Potentialfeld!**

Das Verhalten der Energie-Druckwellen ist physikalisch nur bedingt vergleichbar zu den Schall-Druckwellen in den Medien von Luft und Wasser. Sie können longitudinale und transversale Wellen weiterleiten. Diese Medien bestehen aber aus Materie, sind komprimierbar und haben somit erhebliche innere Reibungs- und Beschleunigungsverluste aufgrund ihrer Masseneigenschaft der Atome und Moleküle. Somit gibt es eine hohe Dämpfung auf die Druckwellen, im Gegensatz zu den Bedingungen im Potentialfeld der Raum-Energie. Die Durchleitungsgeschwindigkeit von Lichtwellen im Medium von Luft, Wasser und Glas sind bekanntlich um einiges langsamer als die übliche Lichtgeschwindigkeit im luftleeren Weltraum des Universums. Die Anstoßenergien müssen in festen Medien zusätzlich von den Atomen der Kristalle und Moleküle von Molekül zu Molekül weitergegeben werden.

## 2.4 Photonen sind Energie-Druckwellen über ein Zeitintervall und haben keine Teilcheneigenschaften

Photonen sind Energie-Druckwellen, die von Atom zu Atom übertragen werden können. Die Atomkerne schwingen in einer Art Kugelschwingung und das hat direkte Rückwirkungen zum Feld der Raum-Energie. Der Begriff Kugel-Schwingung der Atomkerne ist als Gegenpol zu den Photonen-Eigenschaften des Lichtes der bisherigen Wissenschaften zu sehen. Wie die bisher definierten Photonen entstehen sollen, insbesondere bei atomspezifischem Verhalten der unterschiedlichsten Elemente, vom Plasma und der Starken und Schwachen Kernreaktion, wird mit den bisherigen Theorien nicht gesagt.

Die Photonen werden in der Quantentheorie immerhin als Energiesprünge mit Welleneigenschaften postuliert. Als Wellen werden in dem Zusammenhang aber nur die elektromagnetischen Wellen definiert, die sich in den Raum ausbreiten. Elektronen treten in der Quantentheorie als Verursacher auf, sowohl als Teilchen mit unterschiedlichem Spin sowie auch als Strahlung mit Welleneigenschaften. Wenn diese Photonen oder Quanten oder sogar Teilchen mit oder ohne Masseneigenschaften behaftet sein sollen, dann müssten sich diese bewegen und auch Wege zurücklegen. Das ist aber offensichtlich nicht der Fall, denn die Ausbreitungsgeschwindigkeit ist üblicherweise die physikalisch grenzwertige Lichtgeschwindigkeit, bei der ein Masseverhalten oder eine Masseneigenschaft nach den bisherigen Theorien ausgeschlossen sind.

Die Gesetze der Quantentheorie bestimmen das Verhalten. Das sprunghafte Verhalten des Lichtes, auch als Photon bezeichnet, das die Quantentheorie begründet, ist ja im Atom bei Aufnahme von Photonen der plötzliche Energiesprung von Elektronen auf höhere Schalenniveaus oder Veränderungen im Spin-Verhalten begründet. Umgekehrt erfolgt Photonenabgabe bei Herunterfallen der Elektronen auf Schalen mit geringerem Energieniveau und oder spontane Änderungen im jeweiligen Spin. Wo sind aber diese Elektronen und Photonen beim Plasma, das je nach Art keine Elektronen hat und trotzdem auch Strahlung abgibt?

Durch die Vorgänge innerhalb der Atome mit ihren Elektronenschalen werden aber nach der Quastschen Energiefeld-Theorie Schwingungen hervorgerufen, die wiederum die Atomkerne oder Teile davon in den vielfältigsten Formen zum Schwingen und Rotieren bringen und erst dadurch, mit dem Frequenzband entsprechenden Druckwellen, an das Potentialfeld der Raum-Energie weitergeleitet werden. Im Potentialfeld bewegt sich eine Energie, was Verzerrungen des Energie-Feldes zur Folge hat und umgekehrt. Gemäß Albert Einstein krümmt auch die Energie den Raum. Das Feld der Raum-Energie ist in der Lage, diese Energie weiterzuleiten und zu speichern. Erst wenn die Energie im Raum auf Materie trifft, gibt es Reaktionen mit den Atomen dieser Materie, was aber nur einen minimalsten Teil der von den Sternen und Galaxien dauernd abgestrahlten Gesamtenergie betrifft. Somit geht die Strahlung aller Arten wieder zurück zur Raum-Energie.

**Das Licht ist nach der hier postulierten Quastschen Energiefeld-Theorie eine Druckschwingung im Feld der**

Raum-Energie und wird somit als Mischung aus longitudinaler und transversaler Stoßwelle weitergegeben.

Ein zeitlich begrenzter Lichtimpuls, der eine Reaktion im bestrahlten Atom hervorbringt, sollte somit als Photon bezeichnet werden, denn es ist ein Licht- oder Strahlungsimpuls mit einem gewissen Betrag der Energieübertragung, der eine Reaktion im Atomkern und somit auch in dem Elektronen-System hervorruft.

Eine Normung für ein Photon steht noch aus, es ist nur das Placksche Wirkungs-Quantum aus der Wärmestrahlung des schwarzen Körpers definiert als $\varepsilon = h * v$ (auch Comptoneffekt genannt) oder gemäß der speziellen Relativitätstheorie als Impuls mit $p=E/c$. Damit ist Strahlung ein masseloser Energieimpuls. Teilchen, die auch der sogenannten Massenanziehungskraft gehorchen, treten dafür nicht in Erscheinung.

Diese Stoßwellen bringen die Atomkerne und damit auch ihre Elektronenhüllen in gleichfrequente, oder je nach Art des Atoms in spezifische Schwingungen, die diese eingebrachte Energie dann speichern können, aber auch wieder abgeben können. Das Licht-Photon ist nach dieser Definition ein Energiebetrag, der sich aus einer bestimmten Anzahl von Lichtdruck-Wellen über eine gewisse Zeit zusammensetzt. Dieser Energieeintrag ist in der Lage, bei entsprechender Schwingungs-Resonanz, Energie in das Atom einzuspeichern und auch bei entsprechender Energiemenge spontane Reaktionen mit Sprüngen und Drehzahlen der Elektronen in ihren Schwingungsschalen zu induzieren. Albert Einstein und

Compton haben ein Photon als das Teilchen definiert, dessen Energie in der Lage ist, freie Elektronen aus der Materie zu schlagen, sogenannte Sekundär-Elektronen. Das war und ist die Grundlage für die Quantenmechanik.

Das Licht, oder allgemein die Strahlung aller möglicher Frequenzen, wirkt beim Empfänger auch bei sehr kleinen Energieeinträgen auf die Atomkerne und Elektronenhüllen ein. Für eine Reaktion bedarf es keiner großen Energiemengen oder Photonen-Teilchen die auch Sekundärelektronen zur Folge haben. Es genügen schon winzig kleine Energiemengen oder schon sehr schwache Strahlungsintensitäten, um Reaktionen wie Resonanz, Reflexion, Absorption oder Brechung der Strahlung hervorrufen zu können.

Umgekehrt werden Photonen in Form von Licht vom Atom ausgesendet, wenn sich Elektronen in ihren Schalen auf geringere Energieniveaus begeben und von daher über den mitschwingenden Atomkern Energie-Druckwellen an das Feld der Raum-Energie zurücksenden. An diesen Vorgängen sind immer unzählige Atome der Materie beteiligt, aber statistisch nicht alle auf einmal. In einem Gramm Materie, z. B. Kohlenstoff, sind immerhin über $6 * 10^{23}$ Atome enthalten. Diese Dimensionen sind für uns nicht vorstellbar, unter welchen Bedingungen sich das alles abspielt.

Selbst wenn Moleküle, wie z. B. die für uns durchsichtigen Medien Luft- oder amorphen Glas-Moleküle von Linsen oder Fensterscheiben daran beteiligt sind, werden nur die Stoßwellen weitergegeben und die Moleküle bleiben dabei an Ort und Stelle, denn die Information wird von Atom zu

Atom weitergegeben. Ein Teil der Stoßwellen geht an den Atomen unbeeinflusst vorbei und durchdringt das Medium ungehindert oder wird von Atomen bei Dichteänderungen der Medien an deren Grenzflächen in der Richtung gebrochen und somit umgelenkt oder absorbiert. Die Umlenkung von Strahlung bei der Brechung an Dichtegrenzen erfolgt somit über die Atome und ist durch deren Eigenschaften vorgegeben. Das gilt auch für die Effekte bei den Doppelspalt-Versuchen zur Quantentheorie zum Beweis der Welleneigenschaften von Photonen- und Elektronenstrahlen.

Die Licht-Wellen regen die Atome der jeweiligen Medien und Materie mit Energiedruck-Wellen zum Schwingen an, und diese Atome geben dann die Licht-Wellen wieder weiter, indem sie die eingestrahlte Energie statistisch zwischenspeichern und dann wieder statistisch in nicht bestimmte Richtungen weitersenden. Das Weitersenden erfolgt somit nicht in der gleichen Richtung, von der das Licht kam, sondern wie eine Kugelschwingung in statistisch verschiedene Richtungen und natürlich auch überwiegend in die Richtung Einfallswinkel gleich Ausfallswinkel, wo sich der größte Energieeintrag über die „Photonen" ergibt. Somit entsteht das diffuse Licht in den Medien Luft oder Wasser. Beleuchtete Gegenstände senden das Licht nicht nur überwiegend weiter mit Einfallswinkel gleich Ausfallswinkel, sondern in alle möglichen Richtungen, um somit insgesamt auch aus verschiedensten Richtungen sichtbar zu werden. Die Farben entstehen aus den Bedingungen der Materie von Reflexion und Absorption aus dem Frequenzband der Strahlung. Gäbe es die Streustrahlung der Luft nicht, wären die Lichtverhältnisse wie auf dem Mond, keine diffuse Reflexionen, nur hell oder absolut dunkel.

Die Wellentheorie nach Maxwell, wobei das Licht aber immer noch als elektromagnetische Welle oder der „Massenanziehungskraft" unterliegenden Teilchen, den Photonen angesehen wird, ist auch die Grundlage für die Quantenelektrodynamik des Richard P. Feynman; Hinweis Quelle 4.
Würde die Quastsche Energiefeld-Theorie in die Quantentheorien mit eingebunden, würde sich vieles daraus besser ableiten und erklären lassen.

# Kapitel 3: Definition und Folgerung aus der Energiefeld-Theorie

Da es bei einer neuen Theorie insbesondere auf Nachweise und sonstige Beweise und Erklärungen ankommt, ist es natürlich nicht so einfach, ohne praktische Laborversuche und mathematische Berechnung auszukommen. Aber das kann ja erst nach der Aufstellung einer Theorie in der entsprechenden Richtung nachgeholt werden. Was als praxisbezogene Beweise zu erforschen ist, muss auch vorerst durch die zu klärenden Behauptungen aufgestellt werden, damit neue Erkenntnisse gefunden werden oder das neu zu definieren, was eigentlich schon längst bekannt ist. Von daher ist zuerst eine Theorie, ein Plan erforderlich und neutral zu bewerten.

**Die hier aufgezeigte Energiefeld-Theorie steht im Gegensatz zu den bisherigen Theorien zum Universum und ist somit ein neuer Ansatz zur Erklärung der Zusammenhänge. Es ist eine Theorie, nicht mehr aber auch nicht weniger, und ist von daher neutral anzusehen, bis sich Besseres dem gegenüberstellt.**

## 3.1 Das Schwingungsverhalten der Atome ist Strahlung mit Energieaustausch

Energetische Strahlung, und somit auch das Licht, ist ein Energieaustausch über Schwingungen aus den Atomkernen der Materie über das Feld der Raum-Energie. Die Kugelschwingung hat die Eigenschaft der Atomkerne, ohne ihr

Eigenvolumen zu verändern, fast reibungs- und trägheitslos vielgestaltige innere Schwingungsformen anzunehmen. Die Protonen und Neutronen im Atomkern bilden eine kaum komprimierbare Kugelform, ohne sich wegen der gleichnamigen statischen positiven Ladung der Protonen gegenseitig zu berühren und schweben frei im Feld der Raum-Energie.

**Die Atomkerne verdrängen das Feld der Raum-Energie und erzeugen somit einen Potentialdruck.** Die Kugelform der Atomkerne ergibt sich aus dem extrem hohen Innendruck der Raum-Energie, die den Atomkern zwingt, den kleinsten energetischen Raum einzunehmen.

Wenn zwei gegenüberliegende Seiten der Atomkerne (Kugel) durch Energie-Druckwellen eingedrückt werden, weichen im rechten Winkel dazu zwei gegenüberliegende Seiten in den Raum aus, ohne das Gesamtvolumen zu verändern (Gummiballeffekt) und schwingen dann wieder zurück, um den Zustand der Kugelform wieder zu erreichen um dann wieder entgegengesetzt zu schwingen. Diese Schwingungen kommunizieren direkt mit dem Feld der Raum-Energie. Die eingebrachte Energie wird gespeichert.

**Druckschwingungen im Feld der Raum-Energie haben direkte Rückwirkungen auf die Atomkerne und infolge dessen auch auf die Elektronen-Hülle. Umgekehrt haben Schwingungen der Elektronen in ihren Bahnebenen oder Schwingungs-Schalen über Kräfte ihrer statischen negativen Ladung direkten Einfluss auf die Schwingungen des Atomkernes.**

Die statisch positive Ladung der Protonen hat in diesen kleinen Dimensionen eine erhebliche Abstoßkraft zur Folge, so dass sich die Protonen im Normalfall nicht berühren. Die Abstoßkräfte wirken gegenseitig von jedem Proton gegenüber den übrigen Protonen so, als würden zwischen allen gegenseitig Sprungfedern eingebaut sein, deren Federkraft umso stärker wird, je geringer der Zwischenabstand durch äußere Einflüsse wird. Es sind vielfältige Schwingungsmuster möglich, auch mit spezifisch atomarem Resonanzverhalten oder bei Kristallorientierung auch Richtungsverhalten und Polarisation. Das Frequenzband, das von den Atomen aufgenommen und auch wieder abgestrahlt werden kann, ist gewaltig, letztendlich von der Gammastrahlung bis hin zur Langwelle. Die Neutronen purzeln in diesem Schwingungssystem des Atomkernes irgendwie herum, haben aber mit ihrer Masseneigenschaft erheblichen Anteil am Schwingungsverhalten der Atomkerne und der Speicherung der Schwingungsenergien. Die Atome sind Zwischenspeicher für Energie.

## 3.2 Atome speichern Energie und geben sie auch wieder ab

Zu dem Schwingungsverhalten kommen noch Effekte des energetischen Verhaltens des Atoms durch Kreisel-Rotation der einzelnen Protonen, Neutronen und Elektronen in sich selbst und zusätzlich des gesamten Atomkernes in sich selbst. Dieses Verhalten wird auch als Spin in der Quantentheorie angeführt. Die Rotationen können gewaltige Umdrehungszahlen annehmen und speichern somit erhebliche

Energiemengen. Sie stellen kleine Kreiselsysteme dar, die Änderungskräften der Lage entsprechende Gegenkräfte entgegensetzen. Die Atome haben somit ein Beharrungsvermögen, denn hinzu kommen noch die Kreiselkräfte aus den Elektronenhüllen und setzen externen Kräften entsprechende Gegenkräfte entgegen, die den Energieeintrag und die Speicherung ermöglichen. Das erklärt das energetische Speichervermögen der Materie.

Zusätzlich zu den kreiselnden Protonen und Neutronen rotiert auch der Atomkern insgesamt und kann von daher Energie aufnehmen oder abgeben. Das gilt insbesondere auch für Plasma-Ionen, die zum Teil nur aus Atom-Einzelteilchen bestehen. Effekte wie aus dem Gyrotwister-System können auftreten und durch Krafteinwirkungen über Energie-Druckwellen Rotations-Änderungen erfahren und speichern oder auch wieder in Form von Druckwellen in das Feld der Raum-Energie abgeben. Der Atomkern als Kreisel ist zwar kardanisch aufgehängt, steht aber in Wechselwirkung mit der Elektronenhülle und wird von daher durch statische Kräfte gewissermaßen festgehalten, was Bedingungen wie beim Gyrotwister oder Spin-Ball hervorrufen kann. Siehe Quelle 13. Es kann somit Energie in Form von Kugelschwingung aus einer Mischung von longitudinalen und transversalen Energiewellen gespeichert werden, was Rotationsänderungen und somit auch Fliehkräfte im Atomkern zur Folge hat. Gemäß der Energiefeld-Theorie können somit auch Neutronen-Sterne viele Arten von Strahlung aufnehmen oder abgeben, obgleich diese in der Überzahl nicht aus intakten Atomen bestehen, sondern aus Atom-Teilen, den Ionen. Weil Neutronensterne Ionen beinhalten, bringen die schnell rotierenden Neutronen-Sterne auch die stärksten Magnetfelder hervor. Von daher wirken diese Himmelskörper auch für vorbeifliegende interstellare Teilchen als Mausefalle und saugen diese über ihr Magnetfeld und Gravitations-Feld auf. Man sagt, das Schwarze Loch zieht alles an. Das gleiche gilt auch für beschleunigte und ionisierte Plasma-Gase, die an der Sonnenoberfläche erhebliche Magnetstürme hervorrufen können.

Es sind also gemäß den bisherigen Theorien nicht die Elektronen erforderlich, um die sogenannten Photonen als Lichtteilchen zu erzeugen. Die Strahlung wird somit nicht nur von Elektronen-Hüllen in Form von Photonen erzeugt oder absorbiert, es sind alle Atom-Teilchen in der Lage, Strahlung abzugeben, Strahlung aufzunehmen und wieder zu reflektieren und damit auch Energie zu speichern.

Die Rotations-Energien der Kernteilchen von Atomen und innerhalb der Atome und den Elektronen sind nach den bisherigen Theorien der Quarks und Leptonen sowieso in den up- und down-Unterteilchen als Spin mit eingebunden. Hieraus werden auch die Ladungs-Polaritäten für Protonen und Elektronen erklärbar. Die String-Theorien leiten sich ebenfalls aus Schwingungs-Energien ab, berücksichtigen aber nicht die hier angeführte Quastsche Energiefeld-Theorie. Hinweis Quelle 6 Seite 74.

Die Fliehkräfte im rotierenden Atomkern haben auch eine von der Rotationsgeschwindigkeit abhängige Volumenveränderung zur Folge, was sich auch auf die Elektronenhüllen überträgt. Steigt die Rotationsgeschwindigkeit und die Schwingungsamplituden des Atomkernes der Materie durch einwirkende Wärmestrahlung, dann vergrößert sich das Atom entsprechend. Die Materie dehnt sich aus, was allgemein als Wärmdehnung bekannt ist. Die Wärmeenergie wird eingespeichert. Bei Energieentzug durch Wärmeabstrahlung gehen diese Effekte wieder zurück, die internen Schwingungsmuster klingen ab und die Materie schrumpft im Volumen durch die Abkühlung. Der Effekt ist also im Gegensatz zur allgemeinen Physik zu sehen, in der Wärme als „innerer Reibung" der Materie definiert ist. Was da reiben soll, wird aber nicht gesagt.

Es gibt aber Reibung unter dem Einfluss der Van-der-Waals-Kräfte und den molekularen, chemischen und kristallinen Bindungskräften. Wenn Materie gestaucht oder Gase verdichtet werden, ist Energie erforderlich und die Materie erwärmt sich und speichert die eingebrachte Energie in den Elektronen-Bahnen und Atomkernen. Beim starken Zusammenpressen und bei Verformungen von Molekülen und Kristallen und sonstigen Materieverbünden werden die Elektronenschalen deformiert oder Elektronen sogar freigesetzt und beeinflussen somit auch das Schwingungs- und Rotations-Verhalten der Atomkerne. Diese Effekte werden unter anderem zum Abbremsen von Fahrzeugen genutzt, um die eingebrachte kinetische Energie abzubauen und in Wärme umzuformen. Diese Kräfte setzen jeglicher Bewegung in Materie und Kontakten zwischen Materieflächen eine Reibung durch Deformation oder Materialabrieb entgegen. Zur Überwindung der Deformation oder Zerrung und Veränderung der Bindungskräfte unter den Atomverbindungen ist Energie erforderlich, hier die Bremsenergie, die in Reibungswärme umgesetzt wird. Ölfilme in Lagern sorgen eigentlich nur dafür, dass die Abstände der Atome so vergrößert werden, dass die atomaren Van-der-Waals-Kräfte nicht besonders zum Einfluss kommen. Die Deformationen aus Rotation und Eigengewicht der Welle und Lager bleiben aber und haben Wärmewirkung zur Folge. Somit ist das Schwingungsverhalten der Elektronen zur Übertragung und Austausch der Wärmeenergie in die Atomkerne hinein und auch wieder heraus ursächlich. Das Feld der Raum-Energie hat direkten Kontakt zu den Schwingungen in den Atomen und leitet die Energie weiter von Atom zu Atom.

Es gibt Elemente, die reagieren auf Wärmeeinwirkung stark und haben ein Speichervermögen und andere Elemente reagieren kaum auf Wärmestrahlung. Das hängt mit der Reaktion der Atome mit ihrem Schwingungsverhalten zusammen, wozu auch die innere Eigenrotation und das Resonanz-Verhalten der Teilchen gehört. Auch hier findet die Übertragung und Verteilung der Wärmestrahlung in der Materie, also der Infrarotstrahlung, durch Druckwellen im Feld der Raum-Energie statt, ebenso die Abgabe beim Ausschwingen aufgrund vom Temperaturgefälle.

Die Aufnahme und Abgabe der in den Atomkernen gespeicherten Energie ist immer ein zeitbehafteter Prozess, da sich der Energiefluss aus Druckschwingung je Zeiteinheit ergibt und die Atomkerne nicht alle gleichzeitig, sondern statistisch verteilt reagieren. Dieser Energieaustausch wird in den bisherigen Theorien mit der Wirkung von Photonen erklärt, die aus Reaktionen der Elektronen resultieren sollen, was aber die hier genannten Effekte nicht erklärt.

Die Elektronen haben nur das Speichervermögen aus dem Wechsel ihrer Schwingungs-Schalen und Eigenrotation, was aber nur zu einem kleinen Anteil zum Speichervermögen von den gewaltigen Energiemengen in den Atomen beiträgt. In der traditionellen Physik wird das Wärmeverhalten der Materie mit innerer Reibung durch Molekular-Bewegungen, der Braunschen Molekularbewegung, erklärt. Dieser Effekt würde aber die Moleküle in ihrer Haltbarkeit bei den gespeicherten Energiemengen schnell auseinanderreißen. Es müssen also größere Speicherkapazitäten und Übertragungsmöglichkeiten für Energie vorhanden sein, um diese Energiemengen aufzunehmen, zu speichern und auch wieder abzugeben, ohne die molekularen Bindungskräfte übermäßig zu beanspruchen.

**Zum energetischen Speichervermögen der Materie tragen die massereichen Atomkerne mit ihrem Rotations- und Schwingungsverhalten wesentlich mit bei. Der Wechsel der Elektronen auf andere Schalenniveaus oder Verzerrung der Elektronenschalen ist die Folge von Energieeintrag in die Atomkerne, aber die Elektronen selber haben nur einen geringen Anteil am energetischen Speichervermögen der Atome.**

Diese Kreiselkräfte sind ursächlich auch mit dem Trägheitsverhalten der Materie in Zusammenhang zu bringen, denn die Präzessions-Kraft des Kreisels ist ja bekannt. Jeder Lageänderung wird eine Gegenkraft entgegengesetzt. Im Atom befindet sich aber eine Vielzahlt von Kreiselchen, die kräftemäßig in einem System zusammenhängen. Diese Atome und Plasma-Teilchen bilden in der Materie wieder für sich einen

Verbund, und bilden von daher nach dem „Außen" einen Trägheitseffekt aus. Diese Trägheitseffekte aus den Kräften der Kreiselgesetze könnten zusätzlich zum Schwingungsmuster das energetische Verhalten von Energieaufnahme und Energieabgabe der Materie begründen. Auch das Schwingungsmuster in Zusammenhang mit den Elektronen-Schalen kann durch Energieeintrag induziert werden und stellt damit gespeicherte Energie dar.

Der Energieeintrag über Schwingungen im Feld der Raum-Energie in die Atomkerne hinein und auch wieder heraus, ist am Beispiel des Gyrotwister-Systems erklärbar: Äußere mechanische horizontale Hin- und Her- Schwingungen, die auf den Gyrotwister einwirken, setzen den inneren Kreisel, den schweren und massereichen Ball, in Rotationen und es wird Rotations-Energie eingespeichert. Die Abgabe der eingespeicherten Energie (abgesehen von den inneren mechanischen Reibungsverlusten beim Gyrotwister) erfolgt ebenfalls über äußere Hin- und Her- Schwingungen aus den Gesetzen des Kreisels, der kardanisch aufgehängt ist.

In den Atomen gibt es aber, im Gegensatz zum Gyrotwister, keine inneren mechanischen Reibungsverluste. Die kardanische Aufhängung ist aber über die atominternen elektrostatischen Kräfte zwischen Atomkern und der Elektronenhülle gegeben. Es wird somit alles, was an Strahlungsenergie in das Atom eingespeichert wurde, wieder als Strahlung, je nach Resonanzverhalten, abgestrahlt. Zusätzlich hängen die Atome im Atomgitter der Materie alle miteinander kräftemäßig zusammen, und somit werden diese mechanischen Schwingungen auch über die Bindungskräfte unter den Atomen kommuniziert und einander angeglichen. Somit wird auch die äußerlich auf die Materie einwirkende Strahlung zum Inneren der Materie weitergegeben. Große Volumina können sich aufheizen. Die Schwingungen klingen erst bei Abgabe von Energie zurück an das Feld der Raum-Energie ab. Somit kann Materie z.B. durch Strahlung kurzzeitig aufgewärmt werden und die aufgenommene Energie über einen späteren wesentlich längeren Zeitraum wieder abgegeben werden.

Die innere Ruheenergie findet die Materie erst in der Nähe des absoluten Nullpunktes bei minus 274 Grad Celsius. Die Materie nimmt, je nach Element, dann auch andere Aggregatzustände an und kann auch supraleitend werden. Alle Abweichungen davon sind schon Energieaufnahme im Schwingungsmuster der Atome und das physikalische und chemische Verhalten der Atome ändert sich, je nach Temperatur. Die Atome können Temperaturen von einigen Tausend Grad Celsius, wie im Inneren der Sonne annehmen, ohne sich dabei aufzulösen, sie geben höchstens einige Elektronen ab und werden somit zum elektrisch positiven Potential ionisiert. Atome werden erst durch Neutroneneintrag spaltbar, wenn sie in sich schon unstabil sind, wie einige Isotope des Urans. Somit sind die Atome sehr stabil aufgrund des sie umgebenden Potential-Druckes der Raum-Energie. Das wäre neben dem Schwingungsmodell aus der Quanten- und String-Theorie ein mechanisches Modell für die energetischen Eigenschaften der Materie. Das Schwingungsmodell des Atoms besteht aus verschiedensten postulierten Quarks und sonstigen Strings, wird aber in der hier dargestellten Energiefeld-Theorie noch nicht mit eingebunden.

## 3.3 Die Masseneigenschaft der Materie

Die Masseneigenschaft der Materie kommt ursächlich aus der Tatsache, dass die Teilchen, aus denen die Atome bestehen, kondensierte Raum-Energie sind. Diese Teilchen verdrängen an ihrer Stelle die Raum-Energie mit ihrem Eigenvolumen. Die Atomkerne bilden von daher einen Innendruck entgegen dem Potentialdruck aus dem Feld der Raum-Energie aus. Somit wird das Feld der Raum-Energie im Druckverhalten örtlich verzerrt. Jede Änderung in der Position bezogen auf den Raum bedeutet einen Energieeintrag, denn die Verzerrung des Energiefeldes der Raum-Energie findet bei Änderung der Position an einer anderen Stelle im Raum statt. Das ist die Gravitation im Kleinen, denn es besteht ein Energiepotential zwischen der zu Materie kondensierten Raum-Energie mit ihrer sehr hohen Konzentrationsdichte und dem umgebenden, wesentlich geringer konzentrierten Potentialfeld der Raum-Energie. Dabei wirkt das Atom in seiner Gesamtheit, denn es nimmt ein Volumen ein, das im Feld der Raum-Energie wie ein aufgeblasener Luftballon in der Luft sein Volumen beansprucht.

**Materie und damit jedes Atom, besteht selbst aus Energie. Die Materie hat eine energetisch höhere Konzentration als das allgemein vorhandene Feld der Raum-Energie. Energetisch aufgeladene Massen verdrängen somit die Raum-Energie und verzerren örtlich das Feld der Raum-Energie.**

Jede Positionsänderung in Bezug auf das energetische Potential im Raum hat Strömung im Potentialfeld der Raum-

Energie zur Folge und benötigt zur Überwindung Energie mit Kraft mal Weg über ein Zeitintervall. Ein einmal in die Masse induzierter Energieimpuls bleibt erhalten, solange keine äußeren Kräfte den Energieimpuls durch Beschleunigung oder Reibung oder Kollision mit anderen Massen verändern. Ebenso ist kein Energieeintrag erforderlich, wenn sich die Masse auf einer Äquipotential-Linie im Feld der Raum-Energie bewegt. Die induzierte Impulsenergie bleibt erhalten, solange keine weitere Energiezufuhr oder Energieentnahme erfolgt. Daraus folgt das Beharrungsvermögen und damit eine Eigenschaft von Massen.

**Die Masseneigenschaft der Materie ist sein Beharrungsvermögen im Potentialfeld der Raum-Energie. Jede Änderung aus dieser Position mit ausgeglichenem Potential erfordert Energieeintrag mit Kraft mal Weg in einem Zeitintervall. Die Masseneigenschaft ist ein Energiespeicher oder umgekehrt, gespeicherte Energie liegt in Form von Masse vor.**

Die Verzerrung des Raumes kann auch beispielhaft, in die Ebene projiziert, mit den Bedingungen eines im Meer schwimmenden Schiffes verglichen werden. Das Gewicht des vom Schiff verdrängten Wassers ist gleichgewichtig zu dem Gewicht des Schiffes und pendelt sich wie eine Waage ein. Dadurch wird der Wasserpegel im näheren Umkreis des Schiffes entsprechend dem verdrängten Wasservolumen steigen. Diese Wasserverdrängung verteilt sich aber nicht sogleich über die gesamten Weltmeere, sondern nur örtlich und stellt somit eine Verzerrung des Wasserdruckes im näheren Umkreis dar, je nach Entfernung mit parabolisch abnehmendem Einfluss. Wird das Schiff bewegt, erzeugt es eine Potentialanhebung der Wasseroberfläche mit einer Bugwelle, weil sich die Potentialverzerrung infolge der Innenreibung im Medium Wasser nicht sofort auf größere Bereiche ausgleichen kann. Ist das Schiff einmal beschleunigt, behält es seine Geschwindigkeit mit der eingespeicherten Energie. Gäbe es keine Reibung, würde sich das Schiff konstant weiterbewegen und der Äquipotential-Ebene des Meeresspiegels folgen, also einer Kreisbahn im Raum.

Ebenso ist allen bekannt, dass zu Eis gefrorenes Wasser ein gänzlich anderes Verhalten hat, als das Ausgangsmaterial Wasser. Eis verdrängt das Wasser und verzerrt somit potentialmäßig die Wasseroberfläche. Wird eine Eisscholle, z. B. ein Eisberg-Feld im Wasser bewegt, steckt die Bewegungsenergie in der gesamten Eisscholle. Sie können durch Strömungen im Wasser ohne sichtbaren Energieeintrag transportiert werden und auch Rotations-Energie aufnehmen. Werden Stücke abgetrennt, teilt sich die inkorporierte Gesamtenergie auf die abgetrennten Teilstücke auf. Die Einzelstücke übernehmen anteilig ihrer Masse die Impuls-Energie, auch anteilig bis hin in jedes Molekül. Schmelzen die Eisschollen, gehen die spezifischen Eigenschaften wieder verloren. Vergleichbar hat somit die zu Materie kondensierte Raum-Energie auch ein gänzlich anderes Verhalten als der Ausgangszustand der Raum-Energie.

Die Darstellung der Gravitation ist auch zu vergleichen mit einem großen homogenen Gummituch (Trampolin) in einem Gravitations-Feld, auf das eine schwere Kugel gelegt wird. Das Gummituch wird vom Gewicht der Kugel verzerrt und bildet einen parabolischen Trichter aus. Das ist ein Energieeintrag in das Gummituch und zeigt eine zum Gewicht hin zunehmende Verzerrungs-Dichte. Verschwindet die Kugel, wird sich das Gummituch sofort ausgleichen und damit die eingebrachte Verzerrungs-Energie an das Feld der Raumenergie zurückgeben. Wird die Kugel horizontal bewegt, findet die Verzerrung an einer anderen Stelle statt. Die horizontalen Trichterebenen in der Senke bilden die Äquipotential-Linien aus. Eingestoßene kleine Kugeln (vergleiche Roulette-Kugel) würden sich je nach Energieeintrag auf eine dieser Linien energetisch einpendeln und sich bei geringen Reibungsverlusten auf diesen Bahnen lange halten können. Die beteiligten Massen haben somit keinen Bezug zueinander, sondern nur über die Verzerrung des Gummituches über ihre jeweiligen Massen mit der jeweils eingespeicherten kinetischen Energie.

Im Gegensatz zu einem fahrenden Schiff im Wasser haben sich bewegende Massen im Potentialfeld der Raum-Energie keine Bugwelle, da hier die Reibung im Energiefeld fehlt, aber die Verzerrung des Potentialfeldes findet dann an einer anderen Stelle im Raum und relativ zum Raum statt. Dafür finden aber Wegeinflüsse auf die Masse statt, wenn sie mit der eigenen Verzerrung des Potentialfeldes in die Einflussbereiche der Potentialfelder anderer Massen kommt, dann kommt es zu Energieaustauch über das Potentialfeld der Raum-Energie. Beschleunigungen und Abbremsungen sind Energieeintrag oder Energieentzug.

**Der Einflussbereich der Verzerrung des Potentialfeldes, und somit die Gravitation, ist nicht unendlich.**

Im Wasser oder im Gummituch hört der parabolisch abnehmende Einflussbereich der Verzerrung dort auf, wo die Verzerrungskräfte kleiner sind als die molekularen Bindungskräfte und im Gefüge der Materie keine Lageveränderungen mehr hervorrufen. Ähnlich ist das auch im Potentialfeld der Raum-Energie zu sehen. Die Fernwirkung der Gravitation hört dort auf, wo die abnehmenden Verzerrungskräfte der Materie das Potentialfeld nicht mehr beeinflussen können, und von daher den Innendruck des Potentialfeldes der Raum-Energie nicht mehr verändert wird.

Es ist somit ein Unterschied in der hier aufgezeigten energetischen Sichtweise zu den Newtonschen Gravitationsgesetzen zu sehen. In den Newtonschen mathematischen Gesetzen sind die sich beeinflussenden Massen in ihrer Position relativ zum Raum statisch und die Fernwirkkräfte der Gravitation unendlich. Der Energieimpuls, der in diesen Massen induziert ist, und der energetische Bezugspunkt und dessen Genealogie der Massen zueinander, wird mathematisch nicht berücksichtigt! Der Einflussbereich zu anderen Massen ist instantan. Hinweis Quelle 8.

**Das Potentialfeld ist für sich und in sich nicht messbar:**

Nach der Heisenbergschen Unschärferelation ist es ja nicht möglich, den Ort und die Eigengeschwindigkeit eines Teilchens gleichzeitig zu bestimmen, sondern nur eines von beiden. Ebenso kann niemals die Stärke eines Feldes und gleichzeitig der Wert seiner zeitlichen Änderung genau bekannt sein. Deshalb kann es auch keinen absolut leeren Raum geben. Stets ist eine Unbestimmtheit darüber vorhanden, welche Feldstärke an welchem Ort zu welcher Zeit gegeben ist. Hinweis Quelle 8: Seite 71

Das Feld der Raum-Energie ist somit nicht direkt nachweisbar, weil immer ein Faktor zur Bestimmung fehlt. Allein aus diesem Grund, dass sich alles in Bewegung befindet, ist gemäß der Unschärferelation eine Messung nicht möglich. Das Energiepotential kann nur indirekt durch Vergleiche errechnet werden. Unser Sonnensystem bewegt sich nach den heutigen Erkenntnissen mit über 1,3 Millionen km je Stunde relativ zum Raum in Richtung des Sternbildes Wassermann durch das Feld und mit dem Feld der Raum-Energie. Das ist in etwa zu vergleichen mit einem Wissenschaftler, der die Aufgabe hat mit dem Blick aus dem Fenster eines Flugzeuges zu bestimmen, warum das Flugzeug fliegt, in dem er selber sitzt. Die Luftmoleküle und deren Strömungsverhalten sind für ihn unsichtbar und unbestimmbar.

## 3.4 Erdbeschleunigung und Horizontal-Beschleunigung sind gleichwertig

Eine Masse mit einem bestimmten Gewicht unterliegt der Gravitation des Planeten Erde und übt somit eine Kraft in Richtung Erdoberfläche hin aus, weil der Gegenstand sich auf das geringste Energiepotential mit der Erdbeschleunigung „g" hin bewegen will. Bei dem freien Fall wird Energie freigesetzt, weil das danach erreichte Energiepotential geringer wird. Der freie Fall ist nur ein Stück Potentialausgleich im Feld der Raum-Energie zwischen der Position über der Erdoberfläche hin zu der energetisch potentiallosen Position, dem energetischen Schwerpunkt der Erde. Der energetische Schwerpunkt weicht etwas vom geometrischen Schwerpunkt, dem Erdmittelpunkt, ab und wird auch durch andere näher gelagerte Himmelskörper wie Mond und Sonne beeinflusst.

Das gleiche ergibt sich aus dem Vorgang, wenn die gleiche Masse in horizontaler Richtung parallel zur Erdoberfläche mit der gleichen konstant anstehenden Gewichtskraft horizontal über einen Weg in einem Zeitintervall beschleunigt wird. Das hat schon Albert Einstein bewiesen. Dabei ergibt sich eine Beschleunigung, solange die Kraft ansteht. Hier ist es aber umgekehrt, es wird kein Energiepotential abgebaut, sondern ein neues Energiepotential in die Materie hinein induziert, das im Feld der Raum-Energie gegen das Beharrungsvermögen andrückt. Hier wird somit Energie aufgenommen, aber die Masse wehrt sich gegen die Lageänderung im Potentialfeld der Raum-Energie mit ihrem Beharrungsvermögen. Die Gleichheit der Beziehungen von Erdbeschleunigung und Horizontalbeschleunigung ist seit Albert Einstein anerkannt, aber ohne die hier aufgezeigte Interpretation über das Potentialfeld der Raum-Energie, die jetzt eine Erklärung dafür gibt.

**Ohne das Beharrungsvermögen der Masse könnte keine Energie in die Materie induziert werden. Daraus ergibt sich das Masseverhalten der Materie. Das Masseverhalten korreliert mit der spezifischen Dichte der Atomkerne.**

Beim Abbremsen wird die induzierte Energie wieder freigesetzt. Somit ist nach der Quastschen Energiefeld-Theorie das Masseverhalten ein Vorgang von Feldverzerrung durch Positionsänderung im Feld der Raum-Energie. Die Position im Feld der Raum-Energie wird relativ zum Raum verändert, was nur über einen Energieeintrag oder einen Energieentzug möglich ist. Dieser Vorgang ist ein Prozess, der mit der Zeit verbunden ist und somit ein energetischer Vorgang. Das wäre dann das energetische Modell für das Masseverhalten der Materie.

Das widerspricht dem Machschen Prinzip, das ein Trägheitsverhalten aus dem Bezug hin zu anderen Massen im Raum gemäß den Newtonschen Gravitationsgesetzen aus der Massenanziehungskraft ableitet und auch von Albert Einstein zur Grundlage seiner Ableitungen postuliert wurde. Der Widerspruch wird aber aufgehoben, wenn der Bezug zu anderen Massen im Raum gemäß der Quastschen Energiefeld-Theorie berücksichtigt wird. Es ist der Bezug zur Positionsveränderung im Feld der Raum-Energie gegenüber dem vorhergehenden energetischen Zustand. Die Positionsveränderung bezieht sich somit auf den absoluten Raum, ausgefüllt mit dem Potentialfeld der Raum-Energie. Das Prinzip gilt auch für gekrümmte Bahnen, wenn auf die Masse ein Krafteintrag über eine Zeit eine Richtungsänderung des Wegs oder der Bahnparameter zur Folge hat. Das ist aber zu unterscheiden, wenn das Energiepotential in Bezug zu einer größeren Masse, die das Potentialfeld der Raum-Energie durch ihr Eigenvolumen verzerrt, und sich dadurch Äquipotential-Linien im Feld der Raum-Energie ausbilden. Dort ist die Richtungsänderung ohne zusätzlichen Energieeintrag systembedingt gegeben und energetisch ausgeglichen.

## 3.5 Energie und Masse stehen in systembedingter Wechselwirkung aus dem Naturgesetz: Energie geht nicht verloren

Ich wiederhole: Es ist kein Energieeintrag erforderlich, wenn sich die Masse auf einer Äquipotential-Linie im Feld der Raum-Energie bewegt. Die induzierte Impulsenergie bleibt erhalten, solange keine weitere Energiezufuhr oder Energieentnahme erfolgt. Daraus folgt das Beharrungsvermögen der Masse und damit auch eine Eigenschaft von Massen in Bezug zueinander. Das gilt bis in die Feinstrukturen der Galaxien hinein. Das Zentrum der Galaxie bewirkt keine Gravitation gegenüber den ausgestoßenen Materieteilchen aus. Es ist die Energiequelle für den Energieeintrag in die Massen der gesamten Galaxie. Das Zentrum der Galaxie ist keine Massenansammlung, sondern fast massefrei und generiert erst die Massen.

**Das „Schwarze Loch" der Galaxie ist ein Energiewandler, der Raum-Energie in Materie umformt.**

Für Umlaufbahnen um größere Materieansammlungen wie die Planeten um die Sonne, die Monde um die Planeten, die Satelliten um die Erde, gilt das gleiche Prinzip. Alle diese Körper haben einen Translations-Impuls, also Energie induziert bekommen, die eine Bahn auf einer Äquipotential-Linie im Feld der Raum-Energie um größere Massen herum ermöglicht. Die Äquipotential-Linie zu verlassen erfordert einen Energieeintrag durch Zufuhr oder Entzug an Energie, um in eine andere Potential-Ebene zu gelangen. Weil das konstante Potentialniveau der Hauptmasse im Potentialfeld der

Raum-Energie in der näheren Einfluss-Höhe oder Abstand eine Kugelform hat, bleiben die mit Energie aufgeladenen Massen auf ihren Bahnen, insbesondere den stabilen elliptischen Bahnen. Die Flugbahn ohne besonderen Energieeintrag ergibt sich somit als definierte Kreisbahn. Aber nun kommt für die Kreisbahn der Effekt der kontinuierlichen Richtungsänderung hinzu. Diese Richtungsänderung ist kein Energieeintrag, sondern das konstante Energie-Niveau in Bezug auf den gemeinsamen energetischen Schwerpunkt. Aus dieser kontinuierlichen Richtungsänderung resultiert aber eine Flucht-Kraft nach dem Außen, die der Kraft aus dem erreichten potentiellen Energieniveau nach dem Innen gleichgewichtig entgegenwirkt. Die Masse bleibt auf der Bahn mit dem gleichen Energieniveau, weil nur Kraft und Zeit einwirken, aber der Weg hin zum energetischen Schwerpunkt im Bahnmittel, somit auch für elliptische Bahnen, konstant bleibt. In der Beziehung $E = m * g * h$ bleibt auf einer Äquipotential-Linie mit „$g$ = konstant" die eingebrachte Energie erhalten, wenn sich die Höhe der Flugbahn „$h$" so anpasst, dass die Energie erhalten bleibt. Das gilt somit auch für elliptische und pendelnde Bahnen. Die eingebrachte Energie ist durch das Erreichen der Flughöhe und der erforderlichen Bahngeschwindigkeit in die Masse induziert worden. Das gilt für die Beziehung aller Massen und somit den Materieansammlungen im Raum.

Bei elliptischen Bahnen, die unterschiedliche Abstände „$h$" zum gemeinsamen energetischen Schwerpunkt haben, ändert sich aber die Eigen-Geschwindigkeit der Masse in der Flugbahn der jeweiligen Position entsprechend in der Art, dass die Energiebilanz konstant bleibt. Das Prinzip gilt auch bis hinein in die Strukturen der Atome für ihre Elektronenbahnen.

Dieser mittlere Weg, oder auch der mittlere Abstand, ändert sich nicht und somit auch nicht das Energieniveau. Von daher ist diese Beziehung eine reine Energie-Bilanz aus dem Beharrungsvermögen der Masseneigenschaft der Materie im Potentialfeld der Raum-Energie. Aus der Beziehung $E = m * g * h$ ergibt sich kein erforderlicher Energieeintrag, wenn „h" in der Kreisbahn konstant bleibt, ebenso bleibt „g" konstant, da die Äquipotential-Linie nicht verlassen wird. Die Äquipotential-Ebenen ergeben sich somit aus dem Energieerhaltungssatz. Nur bei Energieeintrag oder Energieentzug auf die Masse ändern sich die Bahnparameter. Die Einsteinsche Gravitations-Formel ist hierfür der mathematische Bezug.

Diese Eigenschaft der Masse wäre die gesuchte Gravitation, der Massenanziehungskraft, mit den angeblichen Gravitonen oder den gesuchten Higgs-Teilchen oder dem Higgs-Sirup oder Higgs-Ozean, womit das Masseverhalten der Atome und sonstiger Körper mit Masseverhalten nach den bisherigen Theorien begründet werden soll. Nach diesen Teilchen wird heutzutage mit sehr großem Auswand geforscht. Hinweis Quelle 3.

Ein gewisser Vergleich ist auch im statischen Magnetfeld festzustellen. Eine Kompassnadel richtet sich parallel zur Feldrichtung aus, um die kleinste Feldverzerrung darzustellen. Um die Kompassnadel aus dieser Ausrichtung zu bringen, ist ein Krafteintrag erforderlich. Das Beharrungsvermögen, den kleinsten Widerstand im Magnetfeld einzunehmen, wird durch diesen Krafteintrag gestört, wogegen eine Gegenkraft aufgebaut wird.

Ionisierte Teilchen, die von der Sonnenoberfläche ausgestoßen werden, laufen auf den Kraftlinien magnetischer Wirbel und bilden die Sonnen-Protuberanzen aus. Hier folgen die Teilchen den magnetischen Äquipotential-Linien. Beschleunigte ionisierte Teilchen bilden wiederum für sich magnetische und elektrostatische Kraftfelder aus. Die mitwirkenden Kräfte sind gewaltig.

Diese Rückwirkung aus der Feldverzerrung kann man auf Erden bis hin zum Elektrischen Generator weiter verfolgen, welche Energiemengen durch Feldverzerrung im Magnetfeld bei der Versorgung der Menschheit mit Elektroenergie induziert und transformiert werden können.

## 3.6 Atome speichern Energie und tauschen ihre Bindungskräfte aus

Nach der üblichen Annahme wird Wärmeenergie durch Schwingungen im Verbundsystem der Kristalle, amorphen oder chemischen Verbindungen durch Reibung der Moleküle gespeichert. Nach der Quastschen Energiefeld Theorie wird die Wärmenergie aber überwiegend in den Atomen oder den Atomen der Moleküle, je nach Zusammensetzung, eingespeichert und auch wieder abgegeben. Der Eintrag erfolgt über Energie-Druckwellen im Feld der Raum-Energie auf die Atomkerne, die mit ihren Schwingungsmustern als

Speicher dienen. Die Speicherung hängt vom Energiegefälle ab. Bei nachlassendem Eintrag wird die Wärmeenergie wieder an das umgebende Feld der Raum-Energie zurückgegeben und bei Materie an die umliegenden Atome über Strahlungsaustausch, denn das Temperaturgefälle bestimmt die Transportrichtung der Wärmeenergie.

Die Schwingungen in den Atomen können aber bei Wärmeeintrag so groß werden, dass sich die atomaren Bindungskräfte auflösen und sich somit die Aggregatzustände und chemischen Verbindungen ändern, Eis wird zu Wasser, Wasser wird zu Dampf, Kohlenstoff oxydiert. In den Sonnen entsteht durch den Energieeintrag auf die Atome sogar Plasma, also ein Gemisch aus stabilen Atomen, ionisierten Atomen und freien Teilen von Atomen. Bei Wärmeabgabe durch Abkühlung kehrt sich der Prozess um, Dampf wird zu Wasser und Wasser wird zu Eis. Anderen Bedingungen unterliegen die meisten chemischen Verbindungen, die bleiben bei zu großem Wärmeeintrag vorerst unterbrochen oder umgeformt. Dem gegenüber kommen andere chemische Reaktionen erst durch Wärmeeintrag, sowie mit oder ohne Druckeinfluss, zustande. In den Sonnen entstehen bei Explosion und Auflösung, und somit Abkühlung aus den Plasma-Gemischen, stabile höherwertige Atome der Elementen-Reihe. Dabei wird Raum-Energie freigesetzt und bewirkt die gewaltigen Supernovae-Explosionen.

Bei allen diesen Vorgängen, in denen sich die Aggregatzustände ändern, chemische Verbindungen eingegangen oder aufgelöst werden, Abkühlungen im Plasma Elemente hervorbringen, werden erhebliche Mengen an Energien ausgetauscht. Bei chemischen Vorgängen sind es insbesondere Vorgänge zwischen den Elektronenschalen der Atome. Diese atomaren Bindungs-Energien sind die chemischen Speicher von Energie.

## 3.7 Die Elektronen schwingen mit

Die Abstoßkräfte gleichnamig geladener Teilchen, wie den statisch negativ geladenen Elektronen sorgen auch dafür, dass sich die Elektronen in den Schwingungsschalen um den Atomkern herum so verteilen, dass sich ein Gleichgewicht der Abstoßkräfte unter den Elektronen einstellt, als würden sie über Sprungfedern miteinander kommunizieren. Dieser elektrostatische Abstoß-Effekt ist auch bei freien Elektronen in elektrischen Leitern oder Kathodenstrahlen in Fernsehbildröhren vorhanden und als Skin-Effekt bekannt. Von daher bestehen Überlandleitungen aus mehreren parallelen Leitungen, die einen größeren Raum umschließen als ein Einzelleiter, um den elektrischen Widerstand aus dem Skin-Effekt der Leitung somit zu verringern. In Bildröhren der ersten Generation der Fernsehgeräte besorgen entsprechende Magnetfelder für die Fokussierung des Elektronenstrahles und Ableitgitter für die Verringerung der Sekundärelektronen.

In Atomen sorgen besonders elliptische Elektronen-Bahnen dafür, dass sich von den Atomen nach deren Außen hin Bindungskräfte aufbauen können, die ja Voraussetzung für die chemischen Verbindungen sind. Hier spielt sofort die Besetzung der Elektronenschalen eine fundamentale

Rolle, gesättigt oder ungesättigt, denn dadurch wird das Schwingungsverhalten und chemische Reaktionsverhalten mitbestimmt. Die Lage der Elektronen-Bahnen, und damit auch der Moleküle, bestimmt auch das Kristallgitter kondensierter Materie. Dafür sind auch Energieeinträge erforderlich, um bei chemischen Reaktionen den Elektronen auf ihren Schalen die erforderliche Zusatzenergie zu geben, um Verbindungen einzugehen. Umgekehrt wird Energie freigesetzt, wenn Verbindungen aufgelöst oder umgewandelt werden. Die Schwingungen der Elektronen in ihren Schalen stehen im engen Zusammenhang mit den Schwingungen der Atomkerne. Somit geht auch hier der Energieaustausch über das Schwingungsverhalten der Atomkerne an das Feld der Raum-Energie in Form von Druckwellen vonstatten, je nach Frequenz als Wärmestrahlung oder auch als Lichtstrahlung.

Die Kreis-Geschwindigkeit der Elektronen ist wegen der sehr geringen Eigenmasse der Elektronen so hoch, dass sich die daraus ergebende Fliehkraft die Anziehungskraft gegenüber den positiv geladenen Protonen kompensiert. In die Elektronenhülle eindringende Fremd-Elektronen werden damit gegenüber dem Atomkern abgeschirmt, da diese Elektronenhüllen die kinetisch weniger energetischen Fremd-Elektronen mit der gleichnamigen negativen Ladung abwehren. Das gilt auch, wenn die Elektronen je nach Theorie für sich selbst ein Schwingungsmodell nach der Wellentheorie sind.

Das ganze System im Atom wird wiederum vom Druck aus dem Feld der Raum-Energie durch das Gesetz, das kleinste energetische Volumen anzunehmen, zusammengehalten. Jedes Element hat sein eigenes Schwingungsmuster, was durch die Spektralanalyse bewiesen ist. Die Atome schwingen in ihrer Gesamtheit in einer Materie multifrequent von Radio-Frequenzen, über alle Licht-Frequenzen bis hin zu Röntgen-Frequenzen. Elemente haben in dem Frequenzspektrum für einige Frequenzen ein besonderes Resonanz-Verhalten und reagieren somit stärker bei Abgabe und Aufnahme von Energiedruckwellen als die anderen Elemente. Das generiert auch die Frauenhofer-Linien im Lichtspektrum, wenn Absorption oder Neutralisation der Energiedruckwellen bei der entsprechenden Frequenz mit dem Schwingungsverhalten der Atome des Elementes vorliegt.

Anderenfalls, wenn Elektronen der Atomschale mit den Protonen des Atomkernes zusammen kommen würden, käme eine Neutralisation zustande und die eingebrachte Ladungstrennung würde in Raum-Energie zurückverwandelt. Das wäre neben der Kernfusion auch eine Energiequelle. Das ist aber wegen der negativen Energiebilanz solch eines Vorganges unter den uns umgebenden Bedingungen nicht möglich, sondern erst, wenn ein besonders hoher Druck im Feld der Raum-Energie die Zurückwandlung der Ladungstrennung im Atom erzwingt. Das ist der Fall, wenn sich die Raum-Energie durch Kompensation mit dem Antienergie-Universum gegenseitig abbaut und sich der Druck der Raum-Energie exorbitant erhöht. Das ist dann der Big-Ripp, der aber ebenso lange dauern kann, wie der Aufbau der Energiefelder, denn es ist ein Prozess unter den Bedingungen der Zeit.

Die sogenannten „Elektromagnetischen Felder" sind auch Vorgänge im Feld der Raum-Energie. Das Schwingungsmuster der Atome steht mit den umgebenden Elektronenbahnen sehr stark in Wechselbeziehung und in elektrischen Leitern auch mit den freien Elektronen. Das ermöglicht auch die „sogenannten elektromagnetischen" Wellen der Senderstrahlung. Diese Strahlungen sind aber nach der Quastschen Energiefeld-Theorie letztendlich auch Energie-Druckwellen im Feld der Raum-Energie. Die Maxwellschen Gleichungen für die elektromagnetischen Wellen sind dahingehend zu interpretieren und anzupassen.

**Die kugelförmigen Schwingungsmuster der Atomkerne** werden beim Senden an das umgebende Potentialfeld der Raum-Energie übertragen oder beim Empfang werden die Schwingungen von der Raum-Energie an die Atomkerne abgegeben und diese in spezifische und insbesondere, je nach Materie, in Resonanz-Schwingungen versetzt. Die Vorgänge in den Atomkernen regen wiederum die umgebenden Elektronen in ihren Bahnschwingungen an und beeinflussen auch die freien Elektronen in leitenden Materialien und umgekehrt.

# Kapitel 4: Am Anfang war das Nichts

## Vom Makrokosmos zum Mikrokosmos

Um der bisher aufgestellten Energiefeld-Theorie und den zugehörigen Behauptungen ein Fundament zu geben, ist es erforderlich, ein schlüssiges System zu definieren, aus dem sich die neue Theorie vom Energie-Feld und die Sichtweise aus den energetischen Bezügen über logische Postulate ableitet.

**Postulate zur Ableitung und Begründung der Quastschen Energiefeld-Theorie:**

Es sind Voraussetzungen und Grundsätze zur neuen Energiefeld-Theorie, der Raum-Energie, und der daraus abgeleiteten Gravitation mit der physikalischen Definition und Ursache als Energie-Potential zu definieren.

Eine logische Reihenfolge der Erklärungen ist nicht einzuhalten um bei den gleichen Begriffen zu bleiben. Von daher sind einige Begriffe und Begründungen unter den theoretischen Argumenten zum Teil vorweggenommen, deren Erklärung aber erst unter späteren Postulaten nochmals in weiteren Zusammenhängen, je nach Thema auch mehrfach, begründet werden können. Wiederholungen sind somit gewollt, um den jeweiligen Zusammenhang zum Postulat und dem Kapitel klar werden zu lassen. Das logische Verständnis ergibt sich erst aus dem Gesamtbild.

## 4.1 Von nichts kommt nichts

Der **Energiefeld-Theorie** stehen Behauptungen vor, die nur eine Annahme bzw. Erklärung aus logischem Denken sein können, nicht mehr, aber auch nicht weniger. Es ist die neue Sicht der Dinge in logischen Ableitungen.

**Zuerst war das Nichts.** Der Zustand des Nichts, keine Energie, kein Raum, keine Masse und nur die Raum-Zeit, sind in sich nicht stabil. Aus diesem unstabilen Zustand entwickeln sich aber zwei Energietypen, das uns umgebende Energie-Universum und eine Anti-Welt, das Antienergie-Universum. In Summe bilden sie das Nichts, denn das Universum ist in all seinen physikalischen Grundlagen bipolar aufgebaut.

**Das Grundgesetz der Symmetrie erzwingt die Bipolarität.**

Die Trennung in zwei Potentiale aus dem Nichts ist als Ursprung der Universen (Urknall) anzunehmen. Der Ursprung ist ein laufender Prozess durch Potentialtrennung in ein Feld des uns umgebenden Energiefeldes der Raum-Energie und in das Feld der Anti-Energie. Es bildeten sich zu Anfang erst Energiefelder aus, die noch keine Materie beinhalteten. Erst ab einer bestimmten Ausdehnung und damit geringerem Innendruck im Feld der Raum-Energien, konnte sich Materie ausbilden. Die Bildung der Ursprungs-Energie, die sogenannte Singularität, kann auch noch heute ein anhaltender Vorgang sein, denn das uns einsehbare Universum dehnt sich noch laufend aus. Aber wo ein Anfang ist, gibt es auch ein Ende, es sei denn, es handelt sich um Kreiszyklen die immer wieder aufs Neue starten können. Von außen gesehen, wenn es ein Außen gäbe, bildet die Summe des Gesamtsystems aus Energie-Universum und Antienergie-Universum fortlaufend das Nichts, da sich Energie und Antienergie in ihrer Summe hin zum Nichts potentialmäßig aufheben. Übrig bleibt nur die Zeit, denn die Zeit ist ein positiv gerichteter Vektor, im Gegensatz zu den anderen Faktoren, die in ihren Vektoren zumindest zwei Richtungen, hier den Hinweg und den Rückweg, annehmen können. Die Zeit überspringt den Zustand des Nichts, denn die Zeit in sich ist die Grundlage für Prozesse. Ohne die Zeit gibt es keinen Vorgang und somit keine Energie, aber die Raum-Zeit bleibt nicht stehen.

## 4.2 Alles hat einen Anfang und sein Ende

Die Bipolarität ist von außen gesehen in ihrer Summe neutralisiert. Plus- und Minus- und Potentialunterschiede heben sich auf, wenn sie zusammen kommen (Kurzschluss) und bilden wieder das Nichts. Von daher gibt es für das System einen **Anfang und ein Ende,** das aber immer weiter pulsieren kann. Das Nichts, und damit die Energie- und Raumlosigkeit und in Folge davon die vorübergehende Masselosigkeit, ist nicht stabil, weil die Raum-Zeit nicht stehen bleibt. Das ist die Grundlage für einen Prozess, denn ohne den positiv gerichteten Vektor und Faktor Zeit gäbe es Prozesse, Vorgänge oder Entwicklungen nicht, denn:

**Die Energie hat in sich einen Zeitfaktor und ist somit an Zeit gebunden.**

Das Universum beginnt sich nach dem „Big-Ripp" wieder von Neuem zu bilden. Es ist somit davon auszugehen, dass sich aus dem Nichts durch Potentialtrennung laufend in gleicher Größenordnung **Energie und Antienergie** bilden kann, aber auch im Gegensatz dazu durch Neutralisation aus der Annihilisation auch wieder abbauen kann. Es ist somit ein undendlicher Kreiszyklus mit Aufbau und Abbau definierbar. Es gibt somit keine Singularität ohne Vorgeschichte, es gibt dafür eine kontinuierliche Fortentwicklung der jeweiligen Zustände. Die Physik der Natur basiert auf Prozessen mit kontinuierlicher Fortentwicklung und Reaktionen, denn der Zustand der Energie in der Form von Materie beinhaltet die Zeit und über den Weg somit den Raum. Es gibt also keine Sprünge, sondern kontinuierliche Prozesse und somit auch keine Zufälle, oder nach Albert Einstein keine Würfelergebnisse, wie etwa einen singulären Urknall.

Albert Einstein sagte schon: $E = + m * c^2$ und $E = -m * c^2$. Diese Formel ist eine quadratische Gleichung und beinhaltet auch, dass die Energie „E" negativ sein kann, denn minus mal minus ist Plus. Die Masse und die Zeit kann nicht negativ sein, somit ist es aber der Weg aus der Lichtgeschwindigkeit, der negativ und somit entgegen gerichtet sein kann. Wenn die Energie „E" das Feld der Raum-Energie ist, dann gibt es ein Universum mit der positiven Raum-Energie und ein im Weg entgegen gerichtetes Universum mit dem negativ gerichteten Feld der Antienergie, in dem sich dann die Antimaterie bilden kann.

**Unter Einhaltung der Symmetrie entstehen aus dem Nichts zwei Universen, das Universum der Raum-Energie und das**

**Universum mit der Anti-Energie. Die Potentialtrennung unter dem Einfluss der Zeit, die einen Prozess einleiten kann, ist die Grundlage für diese zwei Universen aus dem Nichts bis wieder hin zum Nichts. In Summe über Alles ergibt sich zu jeder Zeit das Nichts - bis hin zur Unendlichkeit.**

Das steht zwar im Gegensatz zu den offiziellen Theorien vom singulären Urknall, die sich jedoch nicht logisch erklären und ableiten lassen, aber zumindest im Anfang auch von einem masselosen Energiefeld ausgehen. Die Urknall-Theorie wurde aus der Zurückrechnung der vorhandenen und bekannten Materie aus dem für uns einsehbaren Universum auf einen Punkt hin abgeleitet. Aus der inflationären Expansion dieses singulären Punktes soll sich dann, je nach Theorie, die Materie und auch Antimaterie gebildet haben. Diese hätten sich aber annihilieren, also neutralisieren müssen. Da für uns nur die sichtlich existente Materie bekannt ist, wird dann aber mit so manchen Modellen von Teilchen und verschwundenen X- und Y-Antiteilchen dieser Vorgang aufgehoben. Es sollen Neutrinos entstanden sein und sonstige dunkle Materie und dunkle Energie, ebenso die Hintergrundstrahlung, nach denen heute mit erheblichem Aufwand geforscht wird.

Diesen Modellen kann ich nicht zustimmen und stelle meine hier aufgezeichnete Theorie vom Energiefeld dem entgegen!

## 4.3 Energie geht nicht verloren, denn Aktion ist gleich Reaktion:

### Die Energiebilanz bleibt konstant!

Das uns einsehbare Universum ist in der Materie und ihren Reaktionen zweipolig aufgebaut. Die physikalischen Gesetze der Symmetrie erzwingen die Zweipoligkeit bis in das Atommodell hinein.

**Nur die uns bekannte Raum-Energie ist in sich für uns als Energie-Potential einpolig, aber ihr entgegen steht aus Gründen der Symmetrie und Potentialtrennung der andere Pol, das Universum der Antienergie.**

Die im Feld der Raum-Energie generierte Materie ist in sich wiederum zweipolig, Atomkerne sind laut Definition elektrostatisch positiv und die Elektronen sind elektrostatisch negativ geladen. Das Gesamtpotential des Atoms ist von außen her gesehen neutral, z. B. bei nicht ionisierten Edelgasen. An Materie gebundene Potentiale sind energetische Trennungen, die sich auch wieder aufheben können, wenn ein Energieeintrag einfließt oder abfließt, zum Beispiel bei Kernreaktionen durch Kernspaltung, Ionisation oder Kernfusion und bei sehr hohem Druck oder sehr niedrigem Druck aus dem Feld der Raum-Energie.

Zum Universum mit dem Feld der Raum-Energie wird ein Gegenpol erforderlich, hier die Antienergie-Welt, die das Gesamt-System wieder neutralisiert und den Grundsatz der Super-Symmetrie erfüllt. Die in dem Universum der

Antienergie aufgebaute Materie ist in sich, der Logik zufolge, umgekehrt polarisiert. Atomkerne sind elektrostatisch negativ und Elektronen sind elektrostatisch positiv geladen. Würden Materie- und Antimaterie-Atome aufeinandertreffen, würden sie sich **neutralisieren** und zu dem Nichts werden woher sie gekommen sind.

Aber bevor es zu dem gegenseitigen Abbau der zwei Universen kommt, wird sich nur die Raum-Energie unseres Universums mit der Antienergie des anderen Universums neutralisieren. Deren jeweilige Materie ist bis dahin durch den immens steigenden Druck aus dem Feld der Raum-Energie aufgrund des Prozesses des Abbaus und der räumlichen Schrumpfung schon längst wieder zu Raum-Energie zurückgewandelt worden. Es ist aber auch ableitbar, dass die Materie sich auflösen könnte, wenn der Druck der Raum-Energie aufgrund von Überdehnung des Universums erheblich sinkt. Die Potentialtrennung der Universen in die Welt der Energie und in die Welt der Antienergie würde wieder neutralisiert bis hin zum Neuanfang aufgrund der immer weiterlaufenden Zeit.

Diese Antimaterie ist zwar in unsere Welt durch physikalische Experimente schon simuliert worden. Hinweis Quelle 8. Sie würde sich aber in Verbindung mit der Materie aus unserer Welt sofort neutralisieren. Da aber diese, in unserer Welt dargestellte Antimaterie nicht durch Ladungstrennung im Energiefeld des Antienergie-Universums entstanden ist, sondern aus Umwandlung von hiesiger Materie aus dem Energiefeld unseres Universums, ergibt sich nach der Quastschen Energiefeld-Theorie bei Neutralisation eine Verdoppelung der Freisetzung von Raum-Energie, wenn sich die Atome zum „Nichts" annihilieren. Die Darstellung von Antimaterie erfolgt in unserer Welt durch Eintrag von Energie in hiesige Materie, um die Spins der Quarks umzupolen. Diese Energie würde dann auch wieder freigesetzt.

Jede Veränderung in dem jeweiligen System, dem Universum der Raum-Energie und dem Universum der Anti-Energie läuft zwar nicht gleich oder gleichzeitig ab, die Veränderungen laufen aber gleichgewichtig ab. Wenn Energie zu Materie wird oder Materie in sich umgewandelt wird und miteinander reagiert, **geht in Summe keine Energie verloren**. Die Energie wird nur übertragen in andere Energie-Formen. Das gilt in der für uns (wahrscheinlich) nicht einsehbaren Antienergie-Welt, wie auch in dem, von uns zum Teil erforschten Universum, der Raum-Energie-Welt.

In den zur Sonne vergleichbaren Sterne wird laufend die bei der Entstehung mitgegebene Energie bekanntlich durch Kernfusion zu einem großen Teil wieder an den Raum zurückgegeben, die Raum-Energie geht somit nicht verloren, sondern geht dahin zurück, woher sie hergekommen ist. Der Raum speichert die Energie aus der Kernfusion wieder ein und somit muss es einen Speicher geben, eben das Potentialfeld der Raum-Energie.

Bei Sternenexplosion bleibt als Rest die Asche der Sterne zurück, bestehend aus den uns bekannten Elementen oder ein Rest auch als Neutronenstern oder Weißer Zwerg. Dieser Anteil an Materie wird erst bei sehr hohen oder sehr geringen Energiefeld-Dichten zurückgewandelt werden können, wenn der Abbau oder die Instabilität des Raum-Energiefeldes voranschreitet.

Der Materie mitgegebene kinetische Energie in Form von Impuls-, Schwingungs- und Rotations-Energie geht ebenfalls nicht verloren, sondern überträgt sich bei Kollisionen und Adhäsion auf andere Materiemassen oder geht durch atomare Kontakte, man kann auch Reibung sagen, in Strahlungsenergie, wie Licht- und Wärmenergie, über.

**In miteinander kollidierenden Systemen gleicht sich die eingebrachte kinetische Energie als Energiepotential der Masseneigenschaft innerhalb der Materie auf alle beteiligten Objekte aus. Die Objekte haben dann somit ein neues gemeinsames, sich aus den Summen bildendes Energiepotential. Das ist die Kumulierung der Materie zur gemeinsamen Masseneigenschaft.**

## 4.4 Das Universum ist bipolar aufgebaut

Es gibt die Ladungstrennung in der Definition von Plus und Minus sowie Potentialtrennung in **Energie und Anti-Energie**. Zu einem Pol gibt es einen Gegenpol, zu einem Potential gibt es ein Gegenpotential. Durch diese Bipolarität ist das Nichts aufgehoben und es ist etwas da, solange eine Seite der Pole betrachtet wird und nicht die Summe.

Ein Vergleich ist zu einem Stabmagneten bedingt möglich. Der Stabmagnet hat eine neutrale Zone, aber das Feld geht dort insgesamt hindurch. Es ergeben sich zwei Pole in entgegengesetzter Richtung, die jeweils für sich ein raumfüllendes homogenes Feld ausbilden. Gleiches ist auch im elektrostatischen Feld vorhanden. Hier stehen sich die Pole im Raum gegenüber und spannen die Ladungsdifferenz über das elektrostatische Feld auf. Diese statischen Felder sind homogen und in ihrer Intensität geschichtet, je nach Abstand und somit der Länge des Weges zwischen den Polen. Die statisch- magnetischen und elektrischen Felder sind ein Sonderfall im Potentialfeld der Raum-Energie, aber im Prinzip vom physikalischen Verhalten sehr ähnlich. Diese Felder werden durch Eigenschaften der Elektronen in der Materie hervorgerufen und sind an Materie gebunden. Die Felder füllen einen Raum aus, verdrängen aber für sich kein Raum-Volumen, wie etwa Materie im Feld der Raum-Energie. Diese Felder erfordern aber im Gegensatz zum Potentialfeld der Raum-Energie einen Energieeintrag, um sich aufzuspannen. Das Potentialfeld der Raum-Energie ist aber nicht an Materie gebunden, da nach der Quastschen Energiefeld Theorie die Materie selber aus der Raum-Energie entsteht und somit selber eine Form von Energie darstellt. Hierauf wird auch noch in weiteren Postulaten eingegangen.

Die Trennung in die Bipolarität ist eine Entwicklung und somit **ein zeitbehafteter Prozess**, ebenso das Gegenteil, der Ausgleich der Bipolarität. Die Summe aus beiden Universen, dem uns bekannten Universum und dem Antienergie-Universum bilden zusammen das **Nichts**.

Diese zwei Universen können jeweils für sich in geschichteten Schalen strukturiert sein. Das wäre z.B. jeweils eine Zwiebelschalen-Struktur mit eigenständigen ineinander geschachtelten Blasen oder vergleichbar zu einem Stabmagneten, zwei Halbkugeln aus Energiefeldern mit gegensätzlichen Eigenschaften. Die den mehrdimensionalen Raum ausfüllenden Felder dieser Gebilde haben in sich verschiedene Schichtungen und somit Feldstärkebereiche mit inneren und äußeren Energiebereichen mit jeweils verschiedenen Energiedichte- und Ausdehnungsbereichen. Am Anfang und in der Aufbauphase handelt es sich dabei noch nicht um materiegebundene Systeme, sondern um reine Energiesysteme mit Feldeigenschaften, die für sich im Prinzip noch keinen eigenen Raumbedarf haben, und von daher zuerst nur eine Eigenschaft in Verbindung mit der Zeit darstellen. Die Energiefelder können aber einen Raum ausfüllen, vergleichbar zu einem Magnetfeld oder einem elektrostatischen Feld zwischen zwei Hochspannungspolen, die für sich eigentlich ja auch keinen Raumbedarf in Form von Volumen haben, aber einen Raum ausfüllen.

Aus der Raumvorstellung, ob Zwiebelform oder Stabmagnetform, ist die Krümmung des Raumes vorstellbar und systemgegeben. Ausdehnung durch Wachstum aus Potentialtrennung und Schrumpfung durch Neutralisation sind dem System gegeben.

**Die Pulsation des Systems aus dem Nichts ermöglicht das Unendliche und somit auch Multiuniversen. In Summe bildet das System auf Ewig das „Nichts".**

Die Polaritäten sind der Logik entsprechend im Antienergie-Universum entgegengesetzt gepolt, als in dem uns zugehörigen und zum Teil bekannten Universum. Für die Antimaterie sind Atomkerne negativ gepolt und die Elektronen sind positiv geladen. Das bezeichnen wir als echte Anti-Materie. **Es gibt somit zu unserem bekannten Universum ein gegenpoliges Universum.** Das zu sehen oder zu überprüfen ist praktisch nicht möglich, da die physikalischen Beweise über das Nichts laufen müssten. Es ist somit nur aus der Logik heraus postulierbar.

**Energie-Universum und Antienergie-Universum heben sich in ihrem Energieinhalt auf und ebenso, Materie und Antimaterie heben sich in ihrem Energieinhalt auf. Übrig bleibt das Nichts. Für das Nichts gibt es von daher gesehen kein Außen. Es gibt somit nur ein Innen, wenn sich aus dem Nichts zwei Energiesysteme über den Prozess der fortschreitenden Zeit bilden.**

Im Universum der Raum-Energie ist die Ursprungs-Materie das Element Wasserstoff. Durch noch nicht geklärte Prozesse wird Energie in Materie umgewandelt. Wasserstoff entsteht aus einer Potentialtrennung in den positiv orientierten Atomkern mit Masseneigenschaften und als Gegenpol, dem negativ geladenen Elektron. Das ist der Ursprung der Bipolarität im Universum der Raum-Energie, unserem Universum. Ein Kurzschluss im Atom Wasserstoff würde als Ergebnis Raum-Energie zur Folge haben. Umgekehrt ist zu sehen, die Bipolarität im Wasserstoffatom ist durch Potential-Trennung entstanden und liegt somit in Form von Materie vor. Neutronen in den höherwertigen Elementen als Wasserstoff entstehen aus Protonen durch Abgabe von Raum-Energie, auch als Neutrinos bezeichnet, und werden damit elektrostatisch neutral. Ein Proton hat seinen energetischen Spin abgebeben und wurde damit zum Neutron, das aber die ursprüngliche Masseneigenschaft behalten hat. Nach dieser Quastschen Energiefeld-Theorie ist Materie umgewandelte Raum-Energie.

## 4.5 Die Energie für sich ist im Prinzip raumlos, zeitlos und in der Menge örtlich konstant, aber an Zeit gebunden

Energie ist für sich ein Potential gegenüber einem Gegenpotential, der Anti-Energie. Energie erfüllt aber das uns bekannte Universum mit der Raum-Energie aus. Die Raum-Energie ist in ihrer Wirkung als Potential ein Gegenpol zur Anti-Energie. Beide Energiearten füllen jeweils ein eigenes Universum aus. An ihrer Trennfläche findet zur heutigen Zeit noch laufend ein Vorgang von Potential-Trennung statt, der beide Universen mit neuer Energie gleichgewichtig versorgt, denn das uns bekannte Universum mit der Raum-Energie dehnt sich nach unseren Erkenntnissen seit über 13,5 Milliarden Jahren noch kontinuierlich aus und ist von daher ein Vorgang, ein fortschreitender zeitbehafteter Prozess. In bestimmten Druck-Schichten kann sich Materie bilden. Es ist aber auch der Untergang der Materie vorstellbar, wenn der Innendruck infolge der Expansion des Universums so gering wird, so dass die Atomkerne auseinanderfliegen und somit die Materie wieder in Raum-Energie übergeht.

Zum Verständnis sei hier eingeflochten, das materiegebundene elektrostatische Feld oder das permanentmagnetische Feld beanspruchen für sich kein Volumen, füllen aber für sich, je nach Stärke, einen Raum homogen und je nach Feldstärke geschichtet aus. Diese Felder haben Eigenschaften, die physikalisch definierbar sind. Die Felder können sich aufbauen aber auch wieder schrumpfen. Die statischen elektrischen und magnetischen Felder sind aber für sich schon gespeicherte Raum-Energie. Zieht man die Pole in statischen Feldern weiter auseinander, benötigt man keinen Energieeintrag, sondern nur Weg- und Zeiteintrag. Der Energieinhalt des statischen Feldes ist schon vorhanden, nur die Form des beeinflussten Raumes ändert sich und damit die Konzentration oder physikalisch interpretiert, die Feld-Dichte.

Im Gegensatz dazu ist das Feld der Raum-Energie nicht unbedingt an Materie gebunden, und ist von daher nur indirekt vergleichbar zu magnetischen oder elektrostatischen Feldern. Das Energiefeld ist physikalisch durch uns nicht definierbar, da wir selbst ein Teil davon sind und uns dazu nicht außerhalb stellen können. Physikalische Berechnungen sind in ihrem Ergebnis auf Energie bezogen und werden daraus weiterentwickelt. Diese Berechnungen definieren aber nicht die Energie an sich, sondern nur ihre Ursache und Nebenwirkungen, also Vorgänge und Reaktionen in Energie-Bereichen und energetischen Beziehungssystemen.

Die mathematischen Definitionen der Feldeigenschaft für das Potentialfeld der Raum-Energie und das Woher und Wohin fehlt uns noch. Es sind nicht die Newtonschen Gesetze und nur eingeschränkt die Einsteinschen Relativitäts-Theorien und sonstige String-Theorien. Es sind Feldgleichungen für Energiebilanzen im mehrdimensionalen Raum in Verbindung mit der Zeit. Das Inertialsystem ist relevant und zu definieren, damit sich Veränderungen darstellen lassen. Die Absolutheit an sich ist nicht definierbar, weil sie über das Nichts gehen müsste und somit kein Inertialsystem hat.

Es ist ja einer bewegten Masse nicht anzusehen und in ihr selbst ohne Außenkontakt nicht messbar, wie viel Bewegungsenergie in ihr steckt. Einer auf dem Planet Erde angehobenen Masse ist es nicht anzusehen, oder in ihr selbst ohne Außenkontakt nicht messbar, wie hoch ihre potentielle Energie gegenüber der Ausgangsstelle der Anhebung sein könnte. Durch Messung von außen und Berechnungen mit ihren Vergleichen und Normungen lassen sich die Energiepotentiale in einem definierten Bereich berechnen. Im Potentialfeld der Raum-Energie steckt in der angehobenen Masse des weiteren zusätzlich die Energie aus der Erdumdrehung und der Umdrehung der Erde um die Sonne und letztendlich in der Genealogie der Energieeinträge aus den Vorsonnen bis hin aus der Entstehung gegenüber dem Zentrum der Milchstraße. Dazu hat auch noch die gesamte Milchstraße eine Eigengeschwindigkeit in Bezug zu anderen Milchstraßen und dem Universum. Dieses Gesamtpotential an kinetischer und potentieller Energie ist für uns nicht zugänglich. Das gleiche gilt auch für die Energie, die dem Atom selber aus seiner Genealogie der Entstehung innewohnt. Es hängt somit mit den jeweiligen Inertialsystemen zusammen, die zu definieren sind.

**Die Energie ist eine Eigenschaft, die ein Potential darstellt. Somit ist die Raum-Energie ein Potential, das für sich kei-**

nen Raum einnimmt, aber einen Raum ausfüllen kann. Die Energie ist ohne Außenkontakt für sich nicht messbar und berechenbar, da es kein „Außen" gibt. Vom „Außen" her gesehen wäre das Gesamt-Universum aus Raum-Energie und Anti-Energie in Summe das „Nichts". Leider gibt es aber in dem System für uns kein „Außen" sondern nur ein „Innen", da wir selbst ein Teil davon sind.

Das gleiche gilt auch für die Zeit, denn keiner kann sagen, welchen Raum die Zeit ausfüllt, wobei sie doch auf alles einwirkt. Aber die Zeit ist ohne Bezug auf ein Außen in sich selbst nicht messbar, nur indirekt über unsere selbstgemachten Definitionen zu dem Außen, hier unserem Sonnensystem. Die von Albert Einstein eingeführte Raum-Zeit ist ebenso nur eine Eselsbrücke, wie auch so einige kosmologische Konstanten und „Dunkle Energie" und „Dunkle Materie", die das Gravitations-System erklären und berechenbar machen sollen.

Von daher ist die Zeit ein Teil zu einem Prozess, der laufend fortschreitet. Die Zeit ist ein Vektor, der immer positiv gerichtet ist und auch nicht den Wert Null annehmen kann. Von daher definiert Albert Einstein sie als Raum-Zeit in Verbindung mit der Gravitation. Das System ist ein anderes, als das durch unsere Normierung auf unser Sonnen-System bezogene. Anders gesagt, die Vorgänge im Universum sind zeitabhängig, da es laufende Prozesse sind. Würde die Zeit stehen bleiben und zu Null gesetzt werden, gäbe es keine Energie und andererseits ginge so manches Formelergebnis mit Division durch Null ins Unendliche. Daran scheitert auch die mathematisch Begründung zur Theorie vom Urknall und der Singularität.

In der Quastschen Energiefeld-Theorie bleibt die Zeit nicht stehen, denn auch der Übergang über das Nichts ist mit der Zeit verbunden, weil es ein Prozess ist. Daraus folgt:

**Das „Nichts" kann nicht konstant sein, denn die Zeit schreitet voran.**

Wenn sich ein Zustand in Verbindung mit der Zeit verändert, ergibt sich daraus Energie und umgekehrt, Energieeintrag über die Zeit verändert den Zustand über das energetische Potential und wird auch als Arbeit oder Leistung über ein Zeitintervall bezeichnet.

**Raum-Energie ist die Multiplikation aus dem Energieäquivalent Masse mal Weg bezogen auf die Zeit. Das ist die Allgemeinbeziehung aus der Relativitätstheorie zur Grundformel von unserem Hochverehrten Albert Einstein: $E = m * c^2$**

Der Zeitbezug steckt in dieser mathematischen Beziehung in der Lichtgeschwindigkeit, denn Geschwindigkeit ist Weg je Zeiteinheit. Erst daraus ergibt sich der Raum über den Weg, wenn Energie in Masse umgewandelt vorliegt.

## 4.6 Energie ist in ihrem Ursprung die Raum-Energie und hat die Eigenschaften von einem Potentialfeld

Das Feld der Raum-Energie füllt den mit Materie verbundenen Raum aus. Die Raum-Energie füllt auch weitere, für uns unbekannte und uneinsehbare Räume ohne Materie aus. Die Raum-Energie ist ein Feld über verschiedenste energetische Potentiale. Das Feld der Raum-Energie ist kein Medium und auch kein Äther, aber trotzdem in deren physikalischem Verhalten nach unserem Verständnis beispielhaft, aber nur indirekt vergleichbar bezüglich der Wellentheorie, zu den Druck- und Wellenvorgängen in den Medien Luft oder Wasser.

Wie es ein Naturgesetz im Universum verlangt, strebt alles zum kleinsten Volumen hin, nach Möglichkeit der **Kugelform**, sofern nicht andere Energie-Potentiale, z.B. die Fliehkraft aus einem Energieeintrag zu einem Drehimpuls, ein Anderes bestimmen. So gehen wir davon aus, dass unser mit Raum-Energie erfülltes Universum in etwa die Form einer Halb-Kugel mit schichtartiger Struktur hat. In Inneren herrschen in mehreren Zonen, zwiebelartig geschichtet, sehr hohe Energiefeld-Dichten. Zum Rand hin nimmt die Felddichte, der Druck ab. Das ist die Eigenschaft von Feldstärke, vergleichbar zum statischen elektrischen oder magnetischen Feld. Dem gegenüber und auch verbunden, steht ein weiteres Universum mit der Anti-Energie, damit die Summe aus Beiden das ewige „Nichts" ermöglicht.

**Ein mögliches Bild vom Feld der Raum-Energie:**

Stellen wir uns die Trennfläche der beiden Universen als die Wurzelseiten zweier zwiebelähnlicher Gebilde, oder als eine in der Mitte zwischen Wurzel und Blattseite durchgeschnittene Zwiebel, oder bei einem Stabmagneten die neutrale Trennfläche zwischen Nord- und Südpolseite bis über das Potentialfeld hinaus vor. Die Trennflächen treffen hier zusammen, und von dort erfolgt durch einen Prozess der Potentialtrennung laufende Ausgabe bei Aufbau oder laufender Einzug bei Abbau von Raum-Energie. Daraus ergibt sich die Pulsation des Universums, denn der Prozess kann laufend fortschreiten mit Aufbau und Abbau. Dieser Prozess ist ohne Energieeintrag möglich, weil dazu nur positiv ausgerichtete Zeit und richtungsbehafteter Weg als Vektor mit Plus und Minus ohne Masse zusammen wirken.

**An diesem Punkt ist das Gesetz von der Konstanz der Energiebilanz und des Energieerhaltungssatzes (durch Helmholtz postuliert) verlassen und die Welt somit aus den Angeln gehoben.**

Es bestehen zwei gleichgewichtige Feldseiten mit entgegengesetzter Polarität und somit auch jeweils einer spezifischen Eigenschaft. Das Potentialfeld ist somit gleichgewichtig zwischen zwei Energie-Feldern, dem Potentialfeld der Raum-Energie unseres Universums und dem Universum der Anti-Energie aufgespannt. Dieser Prozess der Potentialtrennung erfordert keine Kraft oder Fremdenergie, da keine Masse vorhanden ist, aber die Zeit. Der Prozess ist durch Pulsation auf- und abbaubar, denn einen Stillstand gibt es nicht, alles ist im Fluss. Da es den positiv gerichteten Vektor der Zeit gibt, denn der Weg kann in Verbindung mit der Zeit mathematisch positiv oder auch negativ gerichtet sein, ergibt sich daraus Aufbau und Abbau. Für den Weg gibt es ja einen Hinweg und auch einen Rückweg, denn beide unterscheiden sich nur durch das Vorzeichen, aber die Zeit ist immer positiv. Ebenso kann an diesem Punkt auch ein sich inflatorisch ausdehnendes Energie-Feld für das Antienergie-Universum und unser Energieuniversum postuliert werden, die eine über die Lichtgeschwindigkeit hinausgehende Ausbreitungs-Geschwindigkeit gehabt haben könnten, da noch keine Massen beteiligt waren, sondern vorerst nur Potentialfelder. Das entspricht dem bisherigen Urknall-Modell, das die Ausmaße des uns bekannten Universums nach 13,5 oder je nach Theorie auch 30 Milliarden Jahren erst dadurch erreichen konnte, indem die Ausbreitung bis hin zum heutigen Universum zu einer Vorzeit größer als die Lichtgeschwindigkeit gewesen sein müsste.

Energie für sich ist somit ein Potential. Der energetische Schwerpunkt im Feld der Raum-Energie ist der Ausgangsbereich von dem sich das Universum der Raum-Energie und das Universum der Anti-Energie aufbaut oder auch abbaut. Der Bezug zu diesem Ausgangsbereich ist das energetische Potential für das jeweilige Feld der Raumenergie. Wird Raum-Energie in Materie umgewandelt, besteht für die Masse der Materie der energetische Schwerpunkt zu diesem Entstehungsort.

Wird Energie mit Masse verbunden, spannt sich der Raum auf, in dem die nicht in Masse umgewandelte Energie als Raum-Energie zur Umwandlung vorrätig ist und den übrigen Raum als Feld ausfüllt. Somit wird die Raum-Energie zu einem Potentialfeld, das unter diesen Prämissen seine eigenen physikalischen Gesetze hat, zur Übertragung von Energie aber im Schwingungsverhalten auch vergleichbar ist zu den Medien wie Luft oder Wasser.

Die Raum-Energie als Potential ist im Prinzip auch vergleichbar zum statisch- elektrischen Feld oder zum statisch- magnetischen Feld. Das elektrische Feld bildet sich aus, wenn Potentialtrennung von freien Elektronen oder Ionen erfolgt. Der eine Minus-Pol hat Elektronenüberschuss oder Ionen mit Elektronenüberschuss und der Pluspol hat den entsprechenden Elektronenmangel oder Ionen mit Elektronenmangel. Zwischen den Polen bildet sich ein Potentialfeld aus, das nichtelektrische Materie bis zu ihren Atomhüllen ungehindert durchdringt, aber nur Einfluss auf statische aufladbare Materie hervorbringt, der Art von Materie mit sehr geringer elektrischer Leitfähigkeit. Das Feld hängt von der Anzahl der getrennten Elektronen oder Ionen ab und ist im Energiepotential homogen, kann aber in der Feld-Stärke über den Raum durch die unterschiedlichen Weglängen in der Stärke geschichtet sein und in der Feld-Form durch statisch aufladbare Materie verzerrt werden. Das ist die Gravitation im elektrischen Feld. In der Gewitterluft durch Potentialtrennung aufgebaute elektrostatische Felder entladen sich über ionisierte Kanäle, die durch Partikel-Schauer aus dem Weltraum mit ionisierten Kanälen für den Blitz den kürzesten Weg bereitstellen, somit über den Weg des geringsten elektrischen Widerstandes. Es gibt also Feldverzerrungen durch Fremdeinfluss, je nach Leitfähigkeit.

Gleiches gilt auch für das statisch- magnetische Feld. Nur hier sind es die Anzahl der parallel ausgerichteten Elektronenbahnen der Atome im Material des Permanent-Magneten, oder der summierte Fluss von freien Elektronen in der elektrischen Spule, die das Magnetfeld induzieren. Das magnetische Feld ist gepolt und ebenfalls homogen in Bezug auf das Energiepotential, aber geschichtet über die Weglängen der räumlichen Verteilung. Es durchdringt unmagnetische Materie bis hin zu deren Atomhüllen, hat aber kaum Einfluss darauf (die medizinische Tomographie nutzt aber den sehr geringen Einfluss). Das magnetische Potentialfeld wird aber durch magnetisch beeinflussbare Materie verzerrt und kann auch in der Feld-Stärke geschichtet auftreten. Eisen-Teile im Magnetfeld konzentrieren das Feld, indem sie den kürzesten Weg für den Potentialausgleich bereitstellen. Das ist vergleichbar zur Gravitation im Potentialfeld der Raum-Energie als die Gravitation im magnetischen Feld zu definieren, sichtbar gemacht durch Eisenfeilspäne oder mit Kompassnadeln. Die inneren Bereiche haben eine stärkere Felddichte, auch als Druck im Feld zu definieren, als die außenliegenden Bereiche.

**Elektrische und magnetische Felder haben nur Einfluss bis hin zu den Elektronen-Hüllen der Atome. Die Felder für sich sind raumlos und statisch zeitbehaftet und von daher ein Potential.**

Im Vergleich hierzu ist das Energiefeld in unserem Universum mit seinem Gegenpol im Anti-Energiefeld, des Anti-Universums zu sehen. Das Energiefeld ist von daher ein Potential in Bezug zu einem Ausgangsbereich und durchdringt Materie bis hin zu seinen **Atomkernen**. Das Energiefeld ist homogen, kann in der Feldstärke, dem Potentialdruck, geschichtet sein und wird bei Anwesenheit von Materie im Feldverlauf verzerrt. Die Feldstärke ist abhängig von der Länge des Weges, über die sie sich verteilt. Kurze Raum-Wege, hohe Feldstärke, lange Raum-Wege, geringere Feldstärke, wenn die Summe des Energie-Potentiales konstant bleibt. Die Feldstärke ist auch als Druck im Feld der Raum-Energie zu bezeichnen. Daraus folgt:

**Das Energiefeld ist räumlich geschichtet verteilt und in unterschiedliche Feldstärke-Bereiche einzuteilen (Zwiebelstruktur). In bestimmten Bereichen mit geringer Feldstärke kann sich Materie ausbilden. Das Energiefeld übt aber einen ungeheuerlich hohen Druck auf die Atomkerne der Materie aus, so dass diese, auch bei höchsten Temperaturen der Materie, nicht auseinanderfliegen und so weit wie möglich den kleinsten energetischen Raum einnehmen. Der Druck im Feld der Raum-Energie kann auch als Energiedruck-Bereich oder Potentialdruck bezeichnet werden.**

Änderung im Energiedruck wird mit Lichtgeschwindigkeit in Form von Energiedruck-Wellen weitergeleitet, das ist jegliche Form von hochfrequenter materieloser Strahlung, induziert aus Änderungen von Energie-Potentialen im Feld der Raum-Energie. Somit sind die Druckwellen jeglicher massefreier Strahlung im Feld der Raum-Energie auch als Gravitationswellen zu bezeichnen, denn sie verzerren im Takt ihrer Frequenz örtlich und zeitlich das Potentialfeld der Raum-Energie. Daraus folgt:

**Lichtwellen sind hochfrequente Gravitations-Wellen im Feld der Raum-Energie, weil sie das Potentialfeld örtlich und zeitlich verzerren und sich über Druckwellen im Potentialfeld ausbreiten und somit Energie übertragen können.**

Eigentlich ist Energie für sich raumlos aber zeitbehaftet, denn es ist ein Potential und somit ein Spannungs-Zustand. Die Energie ist aber auch an Masse gebunden und hat von daher ein Raumverhalten. Da der Raum sich entwickelt und in diesem Prozess durch den Vektor der Zeit im Ablauf beschränkt ist, ist nur ein Teil der Raum-Energie in Masse umgewandelt worden und das Energiefeld steht unter einem Innendruck infolge seiner Entwicklung. Ein Prozess ist ein Vorgang, der sich laufend entwickelt und von daher Zeit in Anspruch nimmt und Änderungen des Zustandes zur Folge hat. Der Prozess kann sich aufbauen, aber auch abbauen, ist also reversibel. Energie kann zu Materie umgewandelt werden und umgekehrt.

**Große Ansammlungen von Materie verzerren das Energiefeld und es bilden sich Senken, die einen Ausgleich zu anderen Senken suchen und von daher eine Gravitation auf die Materie ausüben. Diese Senken sind eine Art parabolischer Trichter im Potentialfeld der Raum-Energie. Von daher kommt das Bestreben der Materie, den kleinsten Raum im Feld der Raum-Energie einzunehmen.**

Diese Vorgänge finden in den Faktoren der Energiemenge sowie der Raumgröße und Zeitgröße im Gleichgewicht zum Universum der Antienergie-Welt statt. Es gibt somit Phasen von Raumaufbau und Phasen von Raumabbau bis hin zum Neustart über das „Nichts". Ein einmaliger Anfang, auch Singularität genannt, ist in dem Prozess nicht erforderlich, denn der Auf- und Abbau kann sich auch immer wiederholen, denn die Raum-Zeit schreitet immer voran. Von daher ist die Unendlichkeit definierbar, denn die Zeit kann nicht zu Null werden.

Unser jetziges Universum befindet sich nach unseren Erkenntnissen in der Phase von Raumaufbau, es dehnt sich vergleichbar zu einem Luftballon auf. Die Abstände zwischen den Galaxien vergrößern sich laufend, als wären sie auf einer der Zwiebelschichten, der Oberfläche dieses sich ausdehnenden „Luftballons" positioniert. Diese Oberfläche ist eine von vielen Schichten im Feld der Raum-Energie, hier wahrscheinlich eine der älteren und damit äußersten Schichten der Zwiebelschichtung mit einem geringeren Innendruck, als andere, mehr innenliegende Schichten von Raum-Energie.

**Es wird somit in der heutigen Phase Raum-Energie an der Trennfläche für das uns einsehbare Universum und gleichzeitig für das für uns wohl nicht einsehbare Universum mit der Anti-Energie durch einen Prozess von Potentialtrennung nachgeliefert und baut das Feld der Raum-Energie auf.**

### 4.7 Die Energie ist an Masse gebunden und umgekehrt:

**Die Materie bringt ihre Masse, das Volumen und die Zeit mit!**

Siehe auch Wikipedia unter dem Suchbegriff Energie:

Wir gehen von der Einsteinschen Formel für Energie aus. Energie ist gleich Masse (m) mal Lichtgeschwindigkeit (c) zum Quadrat.

### 4.7.1 Welche Energie steckt in der Materie?

$E_{Ruhe} = m * c^2$   Dimension: $[kg * m] * [1\ m / s^2]$

Hieraus ist abzuleiten, die Ruhe-Energie (E) nimmt erst Volumen und Zeit ein, wenn die Geschwindigkeit und der Weg mit eingebunden werden. Licht-Geschwindigkeit (c) ist gleich Weg (Meter) pro Zeiteinheit (Sekunde). Damit ist Raum und Zeit mit der Energie formelmäßig verbunden, wenn es Masse gibt. Ohne Masse mal Geschwindigkeit ist die Ruhe-Energie im Prinzip volumenlos. Das Zeitintervall „$s^2$" darf aber nicht zu Null werden, sonst würde die Energie mathematisch unendlich. Von daher bleibt die Zeit nicht stehen, der Gravitationsfaktor $[1\ m / s^2]$ bleibt erhalten, auch wenn alle anderen Größen den Wert Null annehmen können, dann ist die mit der Materie verbundene Energie oder der Energieeintrag eben Null.

Die Ruhe-Energie ist also mit der Masse verbunden, entweder Energie oder in einer anderen Form als Masse mal Geschwindigkeit. Von daher ist zu folgern, es steckt erheblich viel Energie in der Masse, denn der äquivalente Faktor ist die Lichtgeschwindigkeit als Maß zum Quadrat. Die Formel bezeichnet die Verhältnisse der Ruhe-Energie. Die Masse muss dafür selbst nicht die Lichtgeschwindigkeit annehmen, sonst würde sie selber in Energie verwandelt. Die Energie ergibt sich aus der Leistung Kraft mal Weg = $[kg * m]$ und mit dem Beschleunigungs-Faktor $[1\ m / s^2]$. Der Beschleunigungs-Faktor bringt den Zeitbezug in die Ruhe-Energie, denn Energie ist Leistung * Zeit. Da die Zeit hier in Bezug zum gekrümmten Raum steht, hilft der Faktor „1 m / s²", der eine Beschleunigung darstellt, über die fiktive Feld-Beziehung, die Zeit mit einzubinden. Das gilt auch für die folgenden energetischen Beziehungen mit dem Beschleunigungs-Faktor [1 m / s²].

**Materie ist massebehaftet, es ist somit eine Eigenschaft der Materie. Die Masse ist ein Maß für die Trägheit. Einflüsse auf die Trägheit erfordern Energieeintrag oder haben Energiefreisetzung zur Folge. Die Masseneigenschaft ist somit ein Energiespeicher.**

**Das Wasserstoffatom, der Urbaustein der Elemente, ist für sich Materie mit Masseneigenschaft. Das Wasserstoffatom entsteht aus einer Potential-Trennung im Feld der Raum-Energie durch Energieeintrag und nimmt für sich ein Volumen ein. Materie beansprucht somit einen Raum. Der Energieeintrag ist erheblich und ergibt sich aus der Einsteinschen Formel für die Ruhe-Energie $E = m * c^2$**

Es ist für die Menschheit nur schwer vorstellbar, was ist Lichtgeschwindigkeit zum Quadrat. Das Modell ist aber immer noch zweidimensional plus eines Zeitintervalls, somit ein projiziertes Flächenmodell. Aber das Volumen ist leider dreidimensional und mit der Konstante Lichtgeschwindigkeit verbunden, also ein zeitabhängiger kubischer Raum, auf den das Flächenmodell somit sinngemäß zu übertragen ist. Hierin liegt auch das Problem, dass die Realität nicht durch mathematische Ableitungen in ihrer Gesamtheit erklärbar ist. Die Mathematik ist beschränkt auf genau abgegrenzte Bereiche mit ihren Einschränkungen über Definitionen und Normierungen, die selber aber in sich nicht die Wirklichkeit sind, sondern eher Vergleiche von Definitionen, Zuständen und deren Veränderungen. Es hängt vom gewählten Inertialsystem ab, was wie definiert und was verglichen wird. Das gilt auch für die verschiedensten Theorien in der Kosmologie, auch für die hier aufgezeigte Energiefeld-Theorie.

Dieser nicht von der Masse beanspruchte Raum ist aber nicht energielos, sondern das Universum ist mit dem Potentialfeld der Raum-Energie ausgefüllt, die ja auf der anderen Seite der Formel mit den Zeichen (E) steht. Es muss somit ein Potential vorhanden sein, damit die Einsteinsche Formel Wirklichkeit werden kann. Entweder gibt es nur Energie oder zum Teil auch aus Energie umgewandelte Masse, die dann in den vielfältigsten Formen als Materie vorhanden ist.

**Energie wird im Raum stellenweise zu Materie umgewandelt und auch umgekehrt.**

Geschwindigkeit ist Weg je Zeiteinheit und benötigt dazu Raum. Ist aber damit verbundene Materie vorhanden, wird durch diese Faktoren mit Weg und Zeit ein Volumen aufgespannt, und dafür ist Energie erforderlich. Das für uns einsehbare Universum als Raum ist aber sichtlich nur stellenweise zu einem kleinen Teil mit Materie angefüllt.

Die Zwischenräume sind gewaltig und werden nur durch Strahlung wie Licht und einem vielfältigen Frequenzband an sonstiger Raumstrahlung und auch Materieströme miteinander verbunden.

Die masselose Strahlung ist aber auch übertragene Umwandlungs-Energie aus verschiedensten Energiequellen und benötigt zur Übertragung einen Träger und Speicher, hier das Potentialfeld der Raum-Energie.

### 4.7.2 Welche Energie steckt in der beschleunigten Masse?

Eine weitere Energieform ist die kinetische **Impuls-Energie** in Verbindung mit Massenbewegung und somit auch als Rotations- und Schwingungs-Energie in Massen.

$E_{kin} = ½ m * v^2$    Dimension: $[kg * m^2 / s^2] = [kg * m] * [1 m / s^2]$

Das physikalische Gesetz ist allen bekannt: Zur Beschleunigung einer Masse über einen Weg in einer Zeiteinheit ist Energie erforderlich = Arbeit. Arbeit ist Leistung über ein Zeitintervall. Wird die Masse wieder abgebremst, wird die induzierte Energie wieder freigesetzt. Energie geht dabei nicht verloren, die Art der Energie wird nur transformiert! Man beachte den Beschleunigungs-Faktor $[1 m / s^2]$.

Die in die Masse induzierte Impuls-Energie benötigt für sich keinen Raum. Diese verschiedenen Anstoß-Energien sind in das System eingebunden, ohne die Materie in ihrer Masseneigenschaft zu verändern. Die Masse hat damit ein ihr eigenes Energiepotential in Bezug zu anderen Massen und dem Potentialfeld der Raum-Energie. Bei Kollision oder Adhäsion tauscht sich die

Energie auf die gesamte Massebeziehung der beteiligten Materie aus.

### 4.7.3 Welche Energie steckt in der angehobenen Masse?

Eine weitere Energieform ist die potentielle Energie in Verbindung mit der Position der Massen zueinander.

$E_{pot} = m*g*h$   Dimension: $[kg * m/s^2 * m] = [kg * m] * [1\, m/s^2]$

Im homogenen Gravitationsfeld bewirkt jede Änderung der Position einer Masse einen Energieeintrag, vom energetischen Schwerpunkt der wesentlich größeren Masse (Planet Erde) hinweg auf höhere Ebene gebracht einen Energieeintrag und zum energetischen Schwerpunkt hin auf eine niedrigere Ebene gebracht eine Energieabgabe. Die Position ist bestimmt durch Veränderungen in Bezug zum Abstand der energetischen Schwerpunkte der Massen zueinander. Die spezifische Gravitations-Beschleunigung ( g ) ist eine gerichtete Größe und somit ein Vektor und abhängig von der Position im Raum und dem Potential-Druck der Raum-Energie. Somit gilt diese energetische Beziehung nur für einen Bereich, in dem sich „g" nicht wesentlich ändert.

Alle Gegenstände auf der Erdoberfläche haben ein Energiepotential gegenüber dem energetischen Mittelpunkt der Erde. Würde eine Masse diesen energetischen Mittelpunkt der Erde erreichen, wäre ihr Energiepotential gegenüber der Masse der Erde gleich Null. Der Gegenstand hat dann aber immer noch ein Energiepotential gegenüber dem energetischen Mittelpunkt des Sonnensystems und somit auch zu einem kleinen Teil gegenüber dem Mond, dessen Energiepotential aus der Entstehung mit der Erde gegenüber der Sonne gemeinsam ist. Der energetische Mittelpunkt unterscheidet sich zu dem Masse-Mittelpunkt aufgrund der Entstehungsgeschichte der Erde mit seinen Energieeinträgen und Energieabflüssen. Der Massemittelpunkt ist der Mittelpunkt für die Newtonschen Gesetze, es ist der geometrische Mittelpunkt und weicht somit vom energetischen Mittelpunkt der Massen im Raum ab.

Die potentielle Energie im Weltraum ergibt sich aus dem Energieeintrag auf die jeweilige Masse in Bezug zu den anderen Massen. Das ist keine Massenanziehungskraft, sondern eine Genealogie im Eintrag oder Entzug von potentieller Energie auf die Masse in Bezug zu den mit ihr in Beziehung stehenden Massen und letztlich zu ihrem Entstehungsort, dem Zentrum der Galaxie. Masse ist die Eigenschaft der Materie und diese Materie, behaftet mit der Masseneigenschaft, wird im Zentrum einer Galaxie hervorgebracht und trägt seit dem eine Genealogie von Energieeintrag und Energieabgabe als Potential in sich. Man beachte den Beschleunigungs-Faktor [$1 \text{ m} / \text{s}^2$].

### 4.7.4 Welche Energie steckt zwischen zwei getrennten Massen?

Die Gravitationsbeziehung zweier Massen ist auch eine energetische Beziehung:

$$E_{pot} = G * ( M_1 * m_2 ) / r^2 * r$$

Dimension: [m³ / kg * s²] * [kg * kg / m² * m] = [kg * m] * [1 m / s²]

Die statische potentielle Energie in Bezug von zwei Massen leitet sich aus der Newtonschen Gravitationsbeziehung ab, indem die Energie ermittelt wird, die eine kleinere Masse $m_2$ auf den Rotations-Abstand zwischen den geometrischen Schwerpunkten „r" bringen kann. Man kann daraus ableiten, welches Energiepotential die Kleinere der beteiligten Massen im Feld der Raum-Energie annimmt, wenn sie in einem homogenen Gravitationsfeld von einem zentralen Ausgangspunkt auf den Abstand oder auf die Höhe „r" gebracht worden ist. Die Gravitations-Konstante „G" ist der notwendige Korrekturfaktor für diese lineare Beziehung und von daher ein verschobenes Inertialsystem. Man beachte den Beschleunigungs-Faktor [1 m / s²].

### 4.7.5 Wie groß ist die Gravitationskraft zwischen zwei Massen?

Die Bezeichnung „Massenanziehungskraft" wird überwiegend aus der Newtonschen Gravitationsbeziehung abgleitet, aber das ist nachweislich irreführend. Die Newtonsche Gravitationsbeziehung ist eine energetische Beziehung unter der Bedingung eines statischen Beschleunigungs-Faktors $g_0 = 1$ m / s². In der allgemeinen Formel steht auch ein Faktor mit „$e_r$" und besagt wohl auch, dass es eine energetische Zusatzbeziehung gibt.

$F(r) = -G * (M_1 * m_2 / r^2) * e_r$

Dimension: $[m^3 / kg * s^2] * [kg * kg / m^2] = [kg] * [1m / s^2]$

Die Formel ergibt die Dimension $[kg] * [1m / s^2]$, also als Anhang mit dem Wert für eine Beschleunigung, und muss somit als eine energetische Beziehung geschrieben werden. Das ist die gleiche Beziehung, wie bei den vorher genannten Energiepotentialen. Die Gravitationskonstante „G" hat den Wert und die Dimension von 6,672 $m^3 / kg * s^2$ und ist eine bewiesene Konstante im Feld der Raum-Energie im dem uns näheren Universum. Die bereinigte Beziehung der Gravitations-Kraft müsste somit lauten:

$F * g_0 = -G * (M_1 * m_2 / r^2)$ und somit $F$ [in kg] $= -G * (M_1 * m_2 / r^2) / g_0$

Dimension: $[m^3 / kg * s^2] * [kg * kg / m^2] * [s^2 / m] = [kg]$

**Die Gravitations-Kraft „F" ergibt die Kraft in [kg], die Körper zueinander ausüben, als Kraft bezogen auf die fiktive Zeit aus dem Beschleunigungs-Faktor $g_0 = 1 m / s^2$. Es ist somit im Grunde genommen eine energetische Beziehung im Feld der Raum-Energie. Energie ist hier ein Potential und somit gibt es keine Massenanziehungskraft, sondern ein Energiepotential, das eine Gravitations-Kraft zwischen zwei Objekten im Feld der Raum-Energie zur Folge hat.**

Das Newtonsche Gravitations-Gesetz hat bekanntlich nur Gültigkeit, wenn eine der beteiligten Massen $M_1$ wesentlich größer ist als die zweite Masse $m_2$, wobei der energetische

Mittelpunkt eigentlich innerhalb der größeren Masse positioniert sein sollte. Es handelt sich ja um die Verzerrung des Feldes der Raum-Energie, was die Gravitation bewirkt, und dafür muss einer der Körper das Feld wesentlich stärker verzerren. Das lineare Gravitations-Gesetz leitet sich ja auch von einer Zentrifugal-Kraft ab $F_z = m * r * \omega^2$. Die Winkelgeschwindigkeit wird mit $\omega$ dargestellt und ist die Kreis-Geschwindigkeit in Bezug zum Kreisradius.

**Zentrifugalkraft $F_z = m * v^2 / r$**
Dimension: $[kg\ m^2/ s^2 / m] = [kg] * [1\ m / s^2]$

Die Zentrifugalkraft hat somit die gleiche Dimension wie die Newtonsche Gravitations-Kraft. Somit ist die Gravitations-Kraft auch als eine gerichtete Kraft anzusehen, als würde nur eine der beiden Massen um einen zentralen Punkt schleudern, naturgemäß die kleinere. Die Gravitations-Kraft und die Fliehkraft sind gleichzusetzen, wenn sich ein Objekt im Raum aufgrund seiner Eigengeschwindigkeit auf einer Äquipotential-Linie im Gravitations-Feld zweier Körper befindet.

Um die Eigengeschwindigkeit der Raumstation ISS in 350 km Höhe zu bestimmen, kann die Gravitationskraft „F" mit der Zentrifugalkraft „$F_z$" gleichgesetzt werden. Dabei hebt sich die kleine Masse $m_2$ der ISS in der Formel auf und es wirkt nur noch die große Masse $M_1$ in der Beziehung. Mit $G = 6,672 * 10^{-11}$ $[m^3 / kg * s^2]$ und der Erdenmasse von $5,96799 * 10^{24}$ $[kg]$ und dem Bahnradius von Erdenradius 6371 km + Flughöhe 350 km ergibt mit der Wurzel eine Eigengeschwindigkeit „v" von 24340 [km / s]. Die Masse der ISS ist somit in dieser linearen Berechnung nicht von Bedeutung.

Das wäre für die Gravitations-Beziehung von Mond zu Erde noch bedenklicher. Die tatsächliche Geschwindigkeit der ISS beträgt im Durchschnitt 28000 km/s, was sich aus den realen Verhältnissen ergibt. Man beachte den Unterschied aus linearer Berechnung und der Praxis! Es stimmt aber immerhin die Größenordnung.

**Die Gravitations-Kraft „F" ist gerichtet zwischen zwei Objekten im Raum und entspricht einer Fliehkraft auf einer gekrümmten Bahn im Feld der Raum-Energie, denn in ihr steckt eine Kreis-Beschleunigung mit dem hier neu definierten Beschleunigungs-Faktor $g_0 = 1\ m/s^2$. Je nach Inertialsystem ließe sich dieser Beschleunigungs-Faktor in Richtung und Betrag anpassen.**

### 4.7.6 Was sagen die Faktoren „G" und „g" aus?

Die Gravitations-Konstante „G" mit dem Wert von $6,6720 * 10^{-11}$ und der Dimension $[m^2/kg] * [m/s^2]$ und die Gravitations-Beschleunigung „g" mit dem Wert von $9,81\ [m/s^2]$ in Höhe der Erdoberfläche stehen für die Rechen-Größen und Dimensionen im Feld der Raum-Energie. Es sind für sich Feld-Größen mit der Dimension für einen Beschleunigungs-Faktor $g_0 = [1\ m/s^2]$

**Somit muss es ein Feld geben, hier das Feld der Raum-Energie!**

Vergleichbares gibt es auch im elektrischen Feld und magnetischen Feld. Im elektrischen Feld ist die Feldstärke

[V / m] mit der Dimension versehen: [kg / As] * [m / s²]. Im magnetischen Feld ist die Permeabilität [H / m] mit der Dimension versehen: [kg / A²] * [m / s²]. Somit gibt es auch in den uns vertrauten Feldern eine Art Beschleunigungs-Faktor, der auf elektrisch- oder magnetisch- beeinflussbare Materie seine Wirkung hat.

**Ein Feld ist mit aufgespannter Energie ausgefüllt und beansprucht dafür einen Raum ohne selber Raum-Volumen zu verdrängen.**

Die genannten Energie-Definitionen sind rein lineare und statische Betrachtungen. Das dynamische Verhalten ist nur mit Hilfe der Infinitesimal-Rechnung oder über Iterationsverfahren und Feldbeziehungen definierbar, weil sich die Beziehungen der Größen, insbesondere die Gravitations-Beschleunigung „g", und die Inertialsysteme in den kugelförmigen Raumbeziehungen bei Änderungen von Energieeintrag oder Energieentzug nicht linear zueinander ändern. Bei der Gravitation handelt es sich um ein Energie-Feld! Das wird in den Einsteinschen Relativitäts-Theorien und daraus abgeleiteten weiteren Berechnungsmodellen berücksichtigt und macht das allgemeine Verständnis recht schwierig, sofern man in diese mathematischen Grundlagen nicht eingearbeitet ist. Es gibt nur wenige Wissenschaftler, die hier mitspielen können.

## 4.8 Materie ist kondensierte Raum-Energie durch Unterdruck-Kondensation aus Vorgängen in den schwarzen Löchern der Galaxien.

In einer Schicht in unserem Universum, die für die Menschheit einsehbare Schicht aus dem Modell der Zwiebelschichtstruktur, hat die Raum-Energie nicht mehr die Druck-Intensität und Stabilität. Es können sich infolge von Druckausgleich zwischen den Schichten Turbulenzen und Wirbel bilden, die örtlich noch geringeren Energiedruck oder bezogen auf das Potential der örtliche Raum-Energie sogar Unterdruck erzeugen. In diesen Zonen kann die Energie zu Materie kondensieren. Das ist der Schneefall im Universum.

**Materie besteht aus kondensierter Raum-Energie. Die Zurückwandlung ist je nach Feld-Druck der Raum-Energie oder Neutralisation zur Welt der Antimaterie gegeben.**

Nach allen uns über Licht- und Radiostrahlungen gegebenen Beobachtungen des für uns einsehbaren Universums findet die Darstellung von Materie jeweils in den Zentren der unzähligen Galaxien laufend immer neu statt. Es sind im Zentrum der unterschiedlichsten Gebilde von Galaxien somit Bedingungen erforderlich, die Materie generieren.

**Ein Theorie wäre die Kondensation der Raum-Energie zu Materie durch Unterdruck in den inneren Wirbeln der Galaxien-Zentren. Dort ist der Felddruck der Raum-Energie durch ein schwarzes Loch über einen Wirbel dermaßen gestört, so dass Unterdruck zustande kommt.**

**Von daher wird das System auch Weißes Loch bezeichnet, da nur Materie ausdringen kann.**

Diese Wirbel in Form eines noch unbekannten Systems setzen gewaltige Kräfte frei, die in der Lage sind, Materie zu generieren und diese mit gewaltigen Atomaren- und Impuls-Energien behaftet in den umliegenden Raum auszustoßen. In diesen Galaxie-Zentren wird Raum-Energie in Materie umgewandelt.

Wir kennen das beispielhaft aus dem Medium mit Wasserdampf gesättigter Luft. Bei Unterdruck, zu sehen im Schlauch von Tornados, oder Temperatursturz, kondensiert der sonst nicht sichtbare Wasserdampf zu größeren Tröpfchen und es kommt somit zur Nebelbildung und bei Adhäsion durch Wegkollision zu Regentropfen, und bei Abkühlung bis hin zur Schneeflocke und Kumulierung mit unterkühltem Wasser bis zum Hagel. Ein mit Überschall fliegendes Flugzeug zieht einen Unterdruckkegel mit sich, in dem Feuchtigkeit der Luft kondensiert.

Ähnliche Vorgänge könnten auch in den Galaxie-Zentren stattfinden, ein Kondensationsprozess durch Unterdruckkondensation im Zentrum mit Kumulierung der Teilchen bis hin zu größeren Masseansammlungen in den Schweifen der Galaxien. Diese Vorgänge sind aus der Theorie vom Urknall mit der Umwandlung von Energie zu Materie in mehreren Theorien über Quarks und Co vorliegend. Hier ist noch erheblicher Forschungsbedarf notwendig, um diesen Umformungsprozess physikalisch darzustellen. Auf diese Vorgänge wird in einem weiteren Kapitel nochmals eingegangen. Siehe auch: Der Urknall findet laufend statt.

**Auch Materiestrahlung ist ausgeleitete Energie:**

Die für uns sichtlichen Balken- und Spiral-Galaxien, und somit auch unsere Milchstraße, bringen aus ihrem Zentrum, wie auch immer, laufend neue Materie hervor. In zwei entgegengesetzten Strahlen werden aus dem Turbulenz-Zentrum der Galaxien Materie-Strahlen ausgestoßen. Der Ausstoß dieser fertigen Materiestrahlen, überwiegend Wasserstoffatome und deren Plasma, erfolgt aus den Zentren der Galaxien in zwei gegensätzlich gerichtete Partikel-Strahlen, deren Rückstoßenergien sich so genau aufheben, dass das Zentrum kaum Eigengeschwindigkeit in eine Strahlrichtung aufnimmt, außer der in vielen Fällen gesamten Drehbewegung des äußeren Wirbels senkrecht zu seiner inneren Rotationsebene, hervorgerufen aus der mitgegebenen Anfangsbeschleunigung der Materieteilchen aus dem Zentrum der Galaxie.

Diese Partikel-Strahlen verdichten sich auf ihrem Weg in erheblichem Abstand vom Zentrum infolge gegenseitiger zunehmender Kollision und Adhäsion der Teilchen zu immer größeren Materie-Einheiten. Sie geben dabei ihre aus dem Zentrum mitgegebene kinetische Impuls- und Rotations-Energie je Teilchen an die kollidierten größeren Materieansammlungen ab. Dieser Vorgang führt in einem gehörigen Abstand zum Zentrum mit der damit verbundenen Abbremsung der Teilchen zu einem Schweif aus abgebremster und durch atomare Adhäsion, Gravitation und magnetischer

Einfangmechanismen zusammenhängenden Materie-Ansammlungen. Diese Materieansammlungen bilden Cluster, die in ihrer Geschwindigkeit infolge von Kumulierung der kinetischen Energien in ihrer Weggeschwindigkeit stetig mehr verlangsamen und somit schnellere Folgeteilchen mit ihrer wachsenden Größe immer mehr vereinnahmen.

Weitere Darstellung siehe auch: Wie entstehen Galaxien

**Diese Materie-Teile haben somit immer noch ihre kinetische Anfangsenergie aus der Impulsenergie bezogen zu ihren Entstehungszentren als Energiepotential in sich. Zusätzlich haben sie Energiepotentiale aus untergegangenen Sonnen und daraus neu entstandenen Restsystemen in sich. Das gilt insbesondere für unser Sonnen- und Planetensystem, das seine Drehimpulse aus vorausgegangenen Energieeinträgen erhalten hat.**

### 4.9 Das Feld der Raum-Energie überträgt die Strahlung aller Arten

Zwischen den Galaxien bestehen große masselose, aber mit Raum-Energie ausgefüllte Zwischenräume. Energievorgänge aus Materie-Reaktionen in Form von Strahlung werden aber über diese Zwischenräume hinweg in Form von Schwingungs-Energien weitgehend verlustfrei über Milliarden von Jahren im Feld der Raum-Energie gespeichert und übertragen. Dafür ist ein Potentialfeld erforderlich, die Raum-Energie.

**Im Feld der Raum-Energie wird die Strahlungsenergie gespeichert:**

Eine Leitung ist auch ein Speicher, denn was zu Anfang eingetrichtert wird kommt körperlich oder energetisch erst nach einer Durchlaufzeit am Ende an. Die Anstoßenergie ist aber vom Medium und dessen Innendruck abhängig. Das gilt für Wasser, Gas und auch zum Teil für elektrische Leitungen. Ähnliches ist auch im Feld der Raum-Energie für die Durchleitung von Strahlungs-Energie physikalisch gegeben. Die Anstoßgeschwindigkeit ist die Lichtgeschwindigkeit.

Das eingespeiste Licht braucht seine Zeit zur Fortpflanzung im Feld der Raum-Energie, was eine Speicherung über den Weg, der von der Quelle ausgegebenen Strahlung, bis zum Ende des Weges zur Folge hat. Wenn die Strahlung auf Materie trifft, wird die Energie auf die Materie übertragen. Die Ausstrahlung geschieht im Allgemeinen kugelförmig und die Energie geht in den Raum zurück. Trifft die Strahlung nicht auf Materie, verbreitet sich die Strahlung weiter im Raum des Energiefeldes bis an seine Reflektionsgrenzen bei unterschiedlichen Felddichten im Feld der Raum-Energie und von dort auch weiter immerfort bis zur Feinverteilung und daraus folgenden Erschöpfung durch Frequenztransformation zu niederfrequenten Strahlungsniveaus bis hin zum schwingungslosen Zustand, dem Feld der Raum-Energie. Reicht die Schwingungsstärke der Anstoßenergien von Strahlung nicht mehr aus, den Innendruck des Feldes der Raum-Energie zu beeinflussen, bleibt die Strahlung stehen und wird mit ihrem gesamten Energieinhalt somit selber wieder zu Raum-Energie.

Ähnliche Vorgänge sind bei Schall-Druckwellen in den Medien von Luft und Wasser vergleichbar nachzuweisen, die laufen sich irgendwo tot, aber die Anstoßenergie ist nicht verloren gegangen, sie hat sich in Wärmeenergie verteilt und wurde energetisch gespeichert.

## 4.10 Protonen und Neutronen sind Bausteine der Materie und verdrängen die Raum-Energie mit ihrem Eigenvolumen der Atomkerne

Das Bohrsche Atommodell ist die bisherige Grundlage für das Verständnis vom Aufbau der Materie und der daraus definierten Elemente. Die Teilchen sind physikalisch nachgewiesen, ebenso ihre Strahlungseigenschaften. Protonen und Neutronen bringen überwiegend das Masseverhalten mit und bilden den Atomkern. Sie haben für sich ein Volumen, sie nehmen in ihrem Zusammenhang Raum in Anspruch. Somit verdrängen sie an ihrer Position das zuvor definierte Feld der Raum-Energie. Das durch die Masse verzerrte Feld der Raumenergie übt auf die Bausteine und ihr Lagesystem zueinander einen ungeheuren Druck aus. Jede Veränderung, ob Schwingung, Verkleinerung oder Vergrößerung sowie Umwandlung von Proton in Neutron oder die Veränderung in der Abstoßwirkung der gleichpolig geladenen Protonen und der Struktur von Atomkern und dessen Elektronenhülle haben direkte Rückwirkungen auf die umgebende Raum-Energie. Der Kontakt ist knallhart und ohne Zeitverzögerung direkt.

**Somit gilt die physikalische Bedingung „Aktion gleich Reaktion" an den Grenzflächen zwischen Materie und des**

alles, bis hin zu den Atomkernen durchdringende Feld der Raum-Energie. Energie geht nicht verloren, sie wird nur weitergegeben oder umgewandelt in andere Energieformen.

a) Vorgänge im Atom induzieren Energie-Druckwellen in das umgebende Feld der Raum-Energie. Die Kernfusion ist der stärkste Impulsgeber mit der Gamma-Strahlung, die Wärme- und Lichtwellen sind die weniger starken Reaktionen.

b) Auf Atome eintreffende Energie-Druckwellen aus der Raum-Energie von entfernter Materie haben Rückwirkungen auf die Atomkerne in ihrem Schwingungs- und Rotationsverhalten. Das Vorhandensein von Licht und sonstiger Strahlung in Entstehung, Abstrahlung, Übertragung und Empfang ist damit in Zusammenhang zu bringen.

**Daraus folgt: Die sogenannten elektromagnetischen Wellen gibt es so nicht, es sind statt dessen Druckwellen im Potentialfeld der Raum-Energie und verhalten sich physikalisch ähnlich wie Druckwellen in den Medien Luft oder Wasser. Sie können sich an Dichtegrenzen spiegeln, Interferenzen bilden, Laufzeitunterschiede ausbilden und über das Frequenzgemisch ein weitgehendes Spektrum haben.**

c) Bei sehr starken Einwirkungen hat die Raum-Energie über ihren inneren Druck direkten Einfluss auf die Entstehung, Struktur und Adhäsion oder dem Untergang von Atomen. Die Entstehung der Elemente in den Sternen und deren Umwandlungen sind damit in Zusammenhang zu bringen.

## 4.11 Der Urknall findet laufend statt, aus Raum-Energie wird Materie

In den Zentren der Galaxien, den „Schwarzen Löchern", wird Raum-Energie in Materie umgewandelt. Wie das möglich ist, bedarf noch weiterer Ableitungen und Forschungen. Es ist aber im Prinzip ein Vorgang von Potential-Trennung mit Energieeintrag. Dieser Vorgang ist aber irgendwo und irgendwann auch umkehrbar. Der Vorgang ist je nach Energiedruck aus der Raum-Energie oder Neutralisation zum Universum der Anti-Energie durch Annihilierung reversibel (Big-Ripp).

**Physikalische Experimente zu dieser Frage dürfen auf Erden selbstverständlich nicht stattfinden (siehe CERN-Urteil vom BGH 2010), denn ein Zündfunke zur Umwandlung von Energie in Materie würde ein Schwarzes Loch erfordern und damit den Untergang unseres Sonnensystems anstoßen. Es sollte also kein Unterdruck mit Zyklon-Wirkung im Energiefeld der Raum-Energie ausgelöst werden. Der Unterdruckwirbel könnte sich selbsterhaltend explosionsartig vergrößern und alles Umliegende mitreißen. Das setzt voraus, dass sich der Zündpunkt in Bereichen befindet, an denen das Energiefeld im Universum einen Druckunterschied zu einem benachbarten Raum-Energiefeld hat, wo ein Druckausgleich angestoßen werden kann. Ob wir uns mit unserem Sonnensystem in einem**

solchen Bereich befinden, kann kaum festgestellt werden. Aber eine Galaxie befindet sich in ihrer Ebene nach der obigen Theorie in Bereichen, die Grenzflächen zu anderen Energiedruck-Bereichen im Universum voraussetzen und durch diesen Potentialausgleich angetrieben werden.

Es ist davon auszugehen, dass die Raum-Energie durch Anregung einen Wirbel anstößt, in dem gewaltige Rotationen und damit Unterdruck-Bereiche entstehen, in denen die Raum-Energie zu Größer-Volumen Formen, der Materie, durch Potentialtrennung übergeht. Diese Schwarzen Löcher sind Wirbel-Ebenen mit unterschiedlichen Energiedruck-Bereichen. Licht und andere Strahlung kann aus den Schwarzen Löchern nicht austreten, weil die Strahlung an den Druck-Grenzen durch Totalreflexion zum Innern des Systems zurückgelenkt wird. Von daher der Name Schwarzes Loch, weil kein Licht und sonstige Strahlung ausströmen kann. Nur die Materie-Teilchen können sich mit der Anstoßenergie aus diesen Wirbeln ablösen und sich im umgebenden Raum zu den Galaxien-Armen oder kugelförmigen Galaxien zusammenfinden. Deshalb werden die Zentren der Galaxien auch als „Weiße Löcher" bezeichnet, weil sie vom Inneren her keine Gravitation ausüben, aber nach dem „Außen" hin einen sehr hohen Druck im Feld der Raum-Energie ausüben und Druck-Grenzen ausbilden.

Ein Schwarzes Loch hat somit erheblichen Einfluss auf seine äußere Umgebung. Es verzerrt das Potentialfeld der Raum-Energie, vergleichbar zu einer großen Materieansammlung. Strahlung wird je nach Frequenz auf den sich bildenden Äquipotential-Linien umgelenkt. Es bilden sich damit auch

Gravitations-Linsen aus, die eine Lichtdurchleitung im Feld der Raum-Energie ablenken können und Bilder von Galaxien verzerren und Spiegelungen erzeugen. In der Astronomie sind genügend Beispiele dafür bekannt. Auch die Hintergrundstrahlung ist nach der Energiefeld-Theorie eine Spiegelung von Strahlung an Dichtegrenzen. Die zerklüftete Struktur der Hintergrundstrahlung ist auch ein Hinweis darauf, dass die Dichtegrenzen zwischen unterschiedlichem Potentialdruck im Feld der Raum-Energie nicht gerade auf einer glatten Kugel liegen, sondern wie Wolken zerklüftet sind. Nach der heutigen Theorie zum Universum entfernt sich auch der Bereich der Hintergrundstrahlung infolge Raumausdehnung und verzerrt damit auch die Spiegelung von Strahlung hin zu niedrigeren Frequenzen.

**Dieses Modell ist die Voraussetzung, um das Universum erklären zu können und das Naturgesetz für das Energiepotential zu verstehen und wenn möglich, zu beweisen. Damit wird das Modell von der Massenanziehungskraft oder Schwerkraft abgelöst, denn die Modelle bisheriger Wissenschaftler können die Vorgänge im Weltall und auf Erden mit der Theorie vom Urknall nicht ausreichend erklären.**

### 4.12 Materie in Form von Atomen nimmt Raum ein

Materie verdrängt mit dem Volumen seiner Atom-Kerne an der Stelle die Raum-Energie mit Innendruck gleich Außendruck. Die Materie verzerrt das Feld der Raum-Energie und bildet damit die Ursache für die Gravitation.

Die Materie stellt sich über Quarks und Co nach Ausstoß aus dem Schwarzen Loch von Galaxien in Form von Atomen dar, vorerst als Wasserstoffatom. Dieses Atom nimmt jetzt aber für sich über seinen Atomkern Raum ein und verdrängt an dieser Position im Raum die umgebende Raum-Energie.

Bei höherwertigen Atomen besteht der Atomkern aus vielen gleichpoligen Protonen, die sich wegen ihrer positiven Ladung wie z.B. gleichpolige Magnetpole gegenseitig mit hohen Kräften abstoßen und zusätzlich enthält der Atomkern Neutronen und sonstige Teilchen. Der örtliche Potential-Druck der Raum-Energie sorgt dafür, dass diese Atomkerne nicht auseinanderfliegen.

Eine weitere Erklärung ist die Tatsache, dass die höherwertigen Atome aus den Atomen vom Wasserstoff durch Kernfusion unter erheblicher Energieabgabe im Feld der Raum-Energie gebildet wurden. Sollten die höherwertigen Atome wieder aufgelöst werden, müsste diese vorher abgegebene Fusions-Energie erst wieder eingespeist werden. Die aufgelösten Atome würden wieder mehr Volumen im Feld der Raum-Energie benötigen, was zumindest den vorher abgegebenen Energiebetrag als Energieeintrag erfordert. Von daher gibt es im Normalfall keine Kraft, die diese Atome aufspalten soll, außer bei den atomaren Vorgängen der Schwachen Kernkraft mit den unstabilen Atomen der Uranfamilie durch Neutronen-Beschuss. Bei der Schwachen Kernkraft benötigen die Zerfallsprodukte für sich auch weniger Raum als das Ausgangsprodukt und es wird bei diesen Vorgängen der Atomspaltung Raum-Energie freigesetzt, unsere nutzbare Atomenergie, zum Segen und zum Fluch der Menschheit.

Die heutigen Theorien suchen noch nach den Teilchen, die die Atomkerne angeblich zusammenhalten und auch deren Masseneigenschaft begründen soll. Verschiedenste Teilchen und Gravitonen wurden benannt. Es wird in diesem Zusammenhang auf Wikipedia auf den Such-Begriff Atom verwiesen.

Die umgebende Raum-Energie will den Raum wieder zurückgewinnen und übt ihrerseits auf den Atomkern jedes Materieteilchens einen ungeheuren Druck aus, so dass die positiv geladenen Protonen, die sich potentialmäßig gegenseitig abstoßen, auf kleinstmöglichen Raum sehr stabil zusammengehalten werden. Es sind somit nicht die Neutronen oder sonstige Strings der Kleber, die den Atomkern zusammenhalten. Es ist der Potential-Druck der Raum-Energie, der die Atomkerne zur Kugelform zwingt und zusammenhält. Von daher kommt das Naturgesetz, dass kumulierte Materie gezwungen ist, den kleinstmöglichen Raum einzunehmen.

Es ist somit kein gegenseitiges Feld aus Massenanziehungskraft innerhalb der Massen notwendig, die das physikalisch begründen sollten, sondern es ist das Naturgesetz des kleinsten Raumes gegenüber dem umgebenden Druck aus dem Feld der Raum-Energie. Alle Abweichungen davon erfordern Energieeintrag.

**Die Idealform des kleinsten Raumes ist die energetisch ausgeglichene Kugelform.**

Dieser Druck der Raum-Energie auf die Materie ist immens! Hier ist das gesuchte Higgs-Teilchen, das die Atome zusammenhält. Die Neutronen haben wohl keine Wirkung durch Neutralisation der elektrostatischen Abstoßwirkungen der Protonen gegeneinander und auch keine, noch nicht gefundene Gravitonen. Es ist der Energiedruck der Raum-Energie, der die Atomkerne und deren Verbindungen zusammenhält. Die Raum-Energie durchdringt jegliche Materie bis hin zur Oberflächenwirkung der Atomkerne und überträgt deren Schwingungs-Aktionen und Reaktionen mit Lichtgeschwindigkeit. Jede massegebundene Veränderung im Volumen, also Veränderung in der Zusammensetzung der Teilchen im Atomkern, benötigt gewaltige Energieeinträge und setzt je nach Vorgang dann auch wiederum Raum-Energie frei. Die in den Galaxien generierte Materie verdrängt Raum-Energie. Auch von daher findet eine Expansion im Feld der Raum-Energie statt, wenn der Feld-Druck gehalten werden soll. Die generierte Materie strebt für sich auch hin in Richtung zu geringerem Feld-Druck, also weg vom Zentrum der Galaxie.

In den Medien Luftraum und Wasser sind vergleichbare Erscheinungen für uns selbstverständlich. Ein Gasluftballon verdrängt den Luftraum und nimmt die Kugelform ein. Er wird leichter als Luft und sucht einen Ausgleich zum kleinsten Verdrängungs-Volumen, das wäre in Richtung zum luftleeren Raum. Je höher er steigt, umso größer wird sein Volumen bei abnehmendem Luftdruck. Gasblasen in 1000 m Tiefe vom Meer verdrängen das Medium Wasser und stehen unter einem sehr großen Druck und sind von daher sehr klein. Sie suchen den Ausgleich zum niedrigeren Druck, steigen auf und werden immer größer. Vulkane explodieren infolge der sich ausdehnenden eingeschlossenen Gase, die nun größeres Volumen bei nachlassendem Druck in der aufsteigenden Lava beanspruchen. Bei diesen Vorgängen sind von daher keine Massenanziehungs-Kräfte am Wirken, im Gegenteil, die Massenanziehung in Richtung Erdmittelpunkt scheint für einen externen Beobachter aufgehoben zu sein und sich in Richtung größerer Höhe zu befinden. Gleiche Ursache und Wirkung gelten auch für Massen im Raum, aber mit dem Bestreben, das kleinste Raum-Volumen zu verdrängen.

Im Potentialfeld der Raum-Energie ist das Bestreben einer Masse der Weg hin zur Ruheposition, hin zum geringeren Druck und das Bestreben, den kleinsten Raum einzunehmen. Das ist gleichbedeutend mit dem Bestreben, das kleinste Raumvolumen zu verdrängen und zum niedrigsten Energieniveau in Bezug zum absoluten Raum zu gelangen. Das ist der Grund für die Gravitation im Feld der Raum-Energie und nicht ein physikalisches Gesetz aus einer sogenannten Massenanziehungskraft.

**Die Gravitation ist das Bestreben der Masse, das kleinste Energiepotential im Feld der Raum-Energie zu erreichen.**

Andererseits strebt das Feld der Raum-Energie für sich hin zu den Bereichen mit dem geringeren Druck im Universum. Es bilden sich Schichtungen und Blasenbereiche aus, die das Verlangen haben, sich mit Bereichen auszugleichen, die den geringeren Feld-Druck oder die geringere Feld-Dichte haben.

## 4.13 Die Raum-Energie steht in engster Wechselwirkung mit den Materie-Teilchen und ermöglicht somit die Übertragung von Strahlung

Das Feld der Raum-Energie steht unter einem hohen Innendruck, denn es wehrt sich gegen diese Umwandlung in Masse und zwar mit einem unvorstellbar hohen Druck auf die Masse. Die Masse, hier die Atomkerne der Materie, haben somit ein Volumen und verdrängen an der Stelle die Raum-Energie. Die Atomkerne der Materie werden wiederum durch den aufgebauten Energiedruck zusammengehalten.

Das physikalische Verhalten des Feldes der Raum-Energie ist somit in den Prinzipien beispielhaft zu vergleichen mit den physikalischen Vorgängen in den uns bekannten Medien Luft oder Wasser. Sie haben Innendruck, geben Gegendruck bei Verdrängung, sind komprimierbar und geben von daher etwas verzögert Druckwellen durch Energieeinwirkung mehr oder weniger verlustarm weiter. Die Medien Luft und Wasser haben aber im Gegensatz zum Raum-Energiefeld innere Beschleunigungs-Verluste der Materie bei Einwirkungen durch Energiestöße, die nachweisbar in Wärme transformiert werden.

**Weil das Feld der Raum-Energie massefrei ist und sich als nur sehr gering komprimierbar erweist, gibt es bei der Übertragung von Druckwellen durch Energieeinwirkung keine inneren Komprimierungs- und Beschleunigungsverluste, noch Reibungsverluste. Die Anstoß- und somit die**

Übertragungs-Geschwindigkeit ist die Lichtgeschwindigkeit. Etwas Schnelleres ist physikalisch der Menschheit nicht bekannt. Die Lichtgeschwindigkeit ist aber physikalisch begrenzt und nicht unendlich hoch, warum wohl?

Die Ausbreitungsbedingungen der Strahlung im Feld der Raum-Energie sind somit vergleichbar zu den Übertragungsbedingungen von Druckschwingungen in einem Medium. Es gibt vom Druck der Raumenergie abhängige Übertragungsgeschwindigkeiten, Reflexionen, Verzerrungen durch Interferenzen und Brechung an Dichtegrenzen, Dopplereffekte und Alterung, denn nichts hält ewig.

## 4.14 Materie in Form von Sonnen und Planeten nimmt unter der Einwirkung der Raum-Energie naturgemäß den kleinstmöglichen Raum ein

Materie nimmt unter dem immens hohen Druck der Raum-Energie **naturgemäß** den kleinstmöglichen Raum ein. Der kleinste Raum ist die geometrische Kugelform oder der kleinstmögliche Raum für das energetisch zusammenhängende System. Das gilt für das Atom ebenso wie für Sonnen, Planeten und Monde.

**Der Zwang auf die Materie über den hohen Druck der Raum-Energie, den energetisch kleinsten Raum einzunehmen, ersetzt die bisherigen Theorien von der Massen-Anziehungskraft und sonstigen X-Teilchen. Das ist in der Quastschen Energiefeld-Theorie ein Grundgesetz!** Will ein Teilchen das kleinste energetische Volumen verlassen, erfordert das einen Energieeintrag, der von außerhalb her kommen muss.

Der kleinste Raum wird erreicht sofern nicht andere Kräfte, zum Beispiel die Fliehkraft aus Rotationsenergie oder der Reibung durch Adhäsion und mechanischen Kontakt, dem entgegenstehen. Die energetischen Massengebilde unterschiedlicher Massen- und Beziehungsformen streben zum kleinstmöglichen Volumen hin. Das ist aber keine Massenanziehungskraft, sondern das Naturgesetz von Massen im Feld der Raum-Energie das möglichst kleinste energetische Volumen im Gesamtsystem anzustreben. Es ist vergleichbar mit dem Wassertropfen-Effekt mit einer Art Oberflächenspannung, die alles auf kleinstmöglichem Raum zusammenhält. Bei Objekten wie Sonnen und Planeten und Monde bildet die Materie im Objekt einen energetischen Schwerpunkt aus, das ist bei homogenen Massen in etwa der Mittelpunkt zu allen Massen der kumulierten Materie. Gegenüber diesem energetischen Schwerpunkt haben alle Materieteilchen ein Energiepotential in Bezug zum Gesamtkörper.

Dieser Schwerpunkt ist nicht der Gewichts-Schwerpunkt aus der Theorie der Massenanziehungskraft, sondern der Schwerpunkt aus dem gemeinsamen Energiepotential mit dem kleinsten Raumbedarf. Dieses Energiepotential ist je Wegeinheit hinweg vom Schwerpunkt von der Gesamtmasse des Objektes abhängig und ist als Gravitations-Beschleunigung messbar. Ein Körper auf der Oberfläche hat ein höheres Energiepotential als ein Körper in der Nähe des Schwerpunktes. Wird zum Beispiel auf der Erdoberfläche ein Gewicht angehoben, muss Energie mit

$E = m * g * h$ eingebracht werden. Fällt das Gewicht zurück auf die Erdoberfläche, wird diese Energie wieder freigesetzt. Die Körper auf der Erdoberfläche befinden sich auf einer Äquipotential-Ebene im Feld der Raum-Energie. Alle Abweichungen davon auf höhere Ebenen benötigen Energieeintrag, das Absinken auf niedrigere Ebenen in Richtung Potentialschwerpunkt setzt Energie frei.

Umlaufbahnen von Planeten, Monden und Satelliten sind Bewegungen auf einer Äquipotential-Linie, die ein eigenständiges Energiesystem darstellen. Die Masse hat eine Eigengeschwindigkeit und somit auch gespeicherte Impuls-Energie. Die Massen bewegen sich im Gravitationsfeld in Bezug zu einer wesentlich größeren Masse, die im Feld der Raum-Energie eine erhebliche Senke darstellt. Es besteht im Umfeld der größeren Masse ein geschichtetes Potentialfeld der Raum-Energie.

Umlaufbahnen können in dem System elliptisch sein und müssen es auch, weil damit Lagestabilität der Umlaufbahnen gegeben ist. Reine Kreisbahnen wären in ihrer Lage indifferent, denn sie bilden keine energetische Grundschwingung aus, wie es durch die Kreiselgesetze gegeben ist. In einer Kreisbahn erfährt die Masse eine kontinuierliche Richtungsänderung und bildet von daher eine konstante Fliehkraft aus. Diese wirkt der Gravitations-Kraft in Richtung zum geringeren Energiepotential entgegen. Wenn sich eine Masse auf einer Kreisbahn bewegt, so wirkt auf sie eine dauernde Richtungsänderung ein. Dieses bedeutet eine laufende Änderung im Potentialfeld der Raum-Energie. Es ist von daher ein laufender und fiktiver Energieeintrag gegen die Trägheit der Masse. Auf elliptischen

Bahnen kommt zusätzlich noch der fiktive Energieeintrag durch die laufende Änderung der Geschwindigkeit in der Bahn um die energetischen Brennpunkte der elliptischen Bahn herum zustande. Diese Kräfte aus der Fluchtbeschleunigung, aus der Rotation und der Wegbeschleunigung aus dem **Gesetz zur Energieerhaltung** in der elliptischen Bahn stabilisieren die Flugbahn von Planeten, Monden und Satelliten.

Das Energiepotential des Gesamtsystems bleibt im luftleeren Raum konstant, weil keine anderen Kräfte aus Reibung oder wesentlicher Teilchenstrahlung einwirken. Die Lage von Planeten und Satelliten im Potentialfeld der Raum-Energie beinhalten ein bestimmtes mitgegebenes Impuls-Energiepotential in Bezug zum Raum und dem Entstehungsort.

**Das Energiepotential einer Masse definiert sich in Bezug zu anderen Massen sowie absolut zum Raum und ist eine aus dem Prozess der Entstehung und dem Werdegang mitgegebene Eigenschaft.** Der energetische Schwerpunkt ist nicht der geometrische Schwerpunkt aus der Theorie der „Massenanziehungskraft", sondern aus dem Bestreben, den energetisch kleinsten Raum im Feld der Raum-Energie in Bezug zu anderen Massen und zum Gesamtsystem einzunehmen.

## 4.15 Die Materie ist mit potentieller Energie verbunden

Die potentielle Energie der Massen zueinander ist zusätzlich integrierte Impuls-Energie im Energieaustausch mit anderen Massen. Ihre Anfangsenergie ist die mitgegebene kinetische

Energie aus dem Entstehungsort, dem Zentrum der Galaxien. Diese kinetische Energie der Masseteilchen ist gewaltig und bestimmt die Vorgänge in den Schweifen der Galaxien über die gesamte Entwicklungsgeschichte und wirkt bis in die äußersten Teile der Schweife fort. Diese kinetischen Impulsenergien werden bei Kollisionen und Adhäsionen an andere Massen weitergegeben. Dabei bleibt die Summe oder Differenz der ausgetauschten Energien konstant, Energie geht nicht verloren.

Es bilden sich eine Unmenge von Zusammenballungen aus den Anfangsteilchen, die immer größere Massenansammlungen in den verschiedensten Konstellationen zur Folge haben und von daher ihre Gravitationseigenschaft erhalten. Staub- und Gaswolken haben nur geringe Gravitationseigenschaften, aber die daraus entstandenen Sonnen und Gasplaneten dagegen erhebliche Gravitationswirkung auf den umgebenden Raum. Es bilden sich bei größeren Materieansammlungen sogenannte parabolische Senken der Gravitationswirkung, die einmal eingefangene Massen energetisch an sich binden, um gemeinsam den kleinstmöglichsten Raum an Energiepotential einzunehmen. Diese Zusammenhänge lassen sich mathematisch zum Teil mit den Feld-Theorien und Impuls-Tensoren beschreiben. Siehe unter anderem Wikipedia mit den Such-Begriffen Energie-Impuls-Tensor und Kaluza-Klein-Theorie. Kaluza war es auch, der die Zeit als vierte und mit der Aufwickel-Dimension als fünfte Dimension in die Kosmologie eingebracht hat. Die M-Theorie geht sogar von elf Raumzeitdimensionen aus. Hinweis Quelle 2, Seite 118.

**Die Gravitations-Beschleunigung bestimmt die Äquipotential-Ebenen:**

Die Gravitations-Beschleunigung „g" ist ein Maß für die Verdrängung von Raum-Energie je Volumeneinheit. Der Faktor korreliert mit der Dichte oder auch Konzentration je Volumeneinheit im Raum. Die Masse steht für das Trägheitsverhalten der Materie, die je nach Zusammensetzung ihrer Elemente spezifische Dichten haben kann. Raumenergie abstrahlende Objekte, wie Sonnen, und somit die Sterne, haben eine höhere Gravitations-Beschleunigung als kühle Planeten oder Monde, denn sie verzerren mit der Energieabstrahlung das Potentialfeld der Raum-Energie zusätzlich. Nach Albert Einstein verzerrt auch die Energie den Raum. Hinweis Quelle 3, Seite 317.

Stellt ein Objekt im Feld der Raum-Energie ein energetisch ausgeglichenes Gesamtsystem dar, z. B. der Planet Erde für sich oder das System Erde zusammen mit dem Mond, dann stellt sich auf der Oberfläche oder im Gesamtsystem eine bestimmte Gravitations-Beschleunigung ein. Die Gravitations-Beschleunigung „g" nimmt mit dem Abstand von der Oberfläche des Himmelskörpers nach außen hin ab. Die Abnahme korreliert im statischen System bei zunehmendem Abstand mit dem umschlossenen Volumen des energetischen Systems.

Innerhalb des Planeten Erde bis hin zum energetischen Mittelpunkt sinkt die Erdbeschleunigung „g" entsprechend dem abnehmenden restlich umschlossenen Volumen als Kugel bis auf den Wert Null. Aufgrund der verschiedenen Masseverhältnisse, wegen des spezifisch schweren Eisenkernes der Erde, ist die Abnahme der inneren Erdbeschleunigung somit nicht linear mit dem kleiner werdenden Radius. Außerdem nimmt die Massedichte mit dem steigenden Innendruck zu. Siehe auch Wikipedia: Potentialtheorie und PREM.

**Die Änderung der Gravitations-Beschleunigung „g" ist mit dem Abstand vom energetischen Schwerpunkt des Himmelskörpers und dem damit umschlossenen Volumen und der sich daraus ergebenden spezifischen Dichte der Massen proportional.**

Die Gravitations-Beschleunigung und somit auch die Erdbeschleunigung „g" ist am Äquator geringer als am Nordpol. Am Nordpol umschließt der Radius zum energetischen Mittelpunkt der Erde ein kleineres Massevolumen in der Kugel als der Radius am Äquator. Der Radius vom Äquator aus zum selben energetischen Mittelpunkt ist größer und die Masseverteilung innerhalb dieses Abstandes zum Massemittelpunkt sinkt. Die Erdbeschleunigung „g" ist auch auf der Äquatorlinie höchst unterschiedlich, mit unterschiedlichen Werten im Indischen Ozean zu dem Pazifischen Ozean. Das weist auch auf die unterschiedliche Massedichte-Verteilung der Erdkruste hin und hat wohl ursächlich auch mit der Entstehung der Ur-Erde zu tun, siehe Satellit Goce. Eine weitere Interpretation ist die Verkleinerung der Gravitations-Beschleunigung infolge der Fliehkraft aus der Erdumdrehung auf die Körper am Äquator, was gleichzusetzen wäre.

Somit kann man die Gravitations-Beschleunigung „g" auch dahingehend interpretieren, dass sich „g" je nach Abstand von der Oberfläche der Masse auf den Wert einstellt, als würde sich die gravitative Masse auf das Volumen im Raum gleichmäßig ausgedehnt haben, das dem Abstand der Objekte von der Oberfläche aus entspricht. Die Massedichte hat sich durch die Verteilung mathematisch insgesamt verringert und übt durch die geringere Verzerrung des Feldes der Raum-Energie somit eine geringere gravitative Kraft auf andere Masseobjekte in diesem Abstand aus. Das gilt natürlich auch für überwiegend gasförmige Himmelskörper, wie die Sonne oder die Planten Jupiter und Saturn. Die Verdrängung der Raum-Energie durch diese Objekte wäre erheblich höher und damit die Gravitations-Beschleunigung an ihrer Oberfläche, wenn diese überwiegend gasförmigen Objekte in gleicher Größe aus massiver Materie wie der Planet Erde bestehen würden. Zum Glück des Planeten Erde ist das nicht der Fall.

Auf der anderen Seite muss man sich auch fragen, warum die Gravitations-Beschleunigung „g" mit dem Abstand vom Massekörper in etwa parabolisch abnimmt. Es ist der Druck der Raum-Energie, der in größerem Abstand wesentlich kleiner werden kann, um die gleiche Masse auf das möglichst kleinste Volumen zu halten. Die Kugel-Fläche der Äquipotential-Linie ist nun größer, um im Inneren den gleichen Druck zu erzeugen. Somit hat das Feld der Raum-Energie einen Innendruck. Nach Albert Einstein verzerrt auch der Druck den Raum und somit das Gravitations-Feld. Hinweis Quelle 3, Seite 317.

Die Fernwirkung der Gravitations-Beschleunigung nimmt mit steigendem Abstand sehr stark ab, bis diese schwächer werden, als die Kräfte, die eine Verzerrung der Raum-Energie erfordern. Von daher ist eine unendliche Fernwirkung der Gravitations-Kräfte im Feld der Raum-Energie nicht gegeben, was ein Zusammenklumpen der Materie verhindert. Die Fernwirkung geht unter, wenn Potential-Bereiche anderer Massen stärkeren Einfluss im Feld der Raum-Energie ausüben. Die Einsteinsche kosmologische Konstante ist somit nicht erforderlich, die das Zusammenklumpen der interstellaren Materie verhindern soll. Die Gravitation aus der Newtonschen Massebeziehung mit der Gravitationskonstante „G" beinhaltet eine instantane, also zeitlich und räumlich grenzenlose Beziehung der Massen untereinander. Beide Beziehungen haben sich inzwischen gegenüber der Praxis der Kosmologie als nicht realistisch herausgestellt.

Zum Beispiel verzerrt ein Flugzeug die Luft-Atmosphäre nur im näheren Bereich und die Fernwirkung verliert sich durch die inneren Beschleunigungskräfte, die in einem gewissen Abstand die Luftmoleküle nicht mehr bewegen können. Auch ein Schiff verzerrt die Wasseroberfläche nur im näheren Bereich und nicht das ganze Meer gleichzeitig, weil sich die Anhebungskräfte im Umkreis abschwächen und so schwach werden, bis die Bindungskräfte der Wassermoleküle die Restkraft, die nach Veränderung verlangt, übersteigt.

Die Gravitations-Beschleunigung „g" stellt sich auf die Stärke der Verzerrung des Feldes der Raum-Energie ein. Die Beziehungen sind nicht gerade linear, sondern folgen einem Volumenmodell und einem Feld-Modell sowie einem Raumzeit-Modell. Die mathematischen Grundlagen ergeben sich aus den Einsteinschen Gravitations-Theorien. Weiterentwicklungen ergeben sich mit der Schwarzschild-Metrik und Kerr-Metrik und deren Weiterentwicklungen. Siehe Wikipedia Suchbegriff: Schwarzschild-Metrik und Kerr-Metrik.

**Es handelt sich bei diesen mathematischen Ableitungen um Feld-Theorien, die ein Energiesystem im Raum beschreiben. Von daher müsste sich doch jeder fragen dürfen, woher das Energiesystem oder das Feld kommt:**
**Mit der Quastschen Energiefeld-Theorie ist eine Grundlage gegeben!**

Die Gravitations-Beschleunigung „g" ist somit ein Maß für das durch die Masse verdrängte Feld der Raum-Energie und bildet damit die Äquipotential-Linien für Umlaufbahnen der Himmelskörper umeinander aus. Die sehr dichten Neutronen-Sterne, in denen die kollabierten Reste von Atomkernen neben Restmaterie dicht gepackt sind, haben eine exorbitant hohe Gravitations-Beschleunigung. Die Neutronen-Sterne, aber auch Weiße Zwerge, verzerren das Feld der Raum-Energie bis hin zu sogenannten „Schwarzen Löchern", aus denen keine oder nur wenig Strahlung entweichen kann. Die Eigen-Strahlung wird durch Totalreflexion innerhalb der Dichtegrenzen im Feld der Raum-Energie zurückgelenkt und ist somit im Kreis gefangen (Thermosflaschen-Effekt). Das gleiche gilt auch für Schichten um die Zentren der Galaxien. Strahlung dringt sehr abgeschwächt nur durch, wenn sie senkrecht zu den Äquipotential-Ebenen steht, und es somit keine Winkelreflexionen an Dichteschichten gibt. Deswegen erscheinen manche Objekte im Weltraum für uns recht schwach, obgleich sie hinter den Dichtegrenzen im Potentialfeld der Raum-Energie wesentlich stärker strahlen.

Das zeugt auch davon, dass die Raum-Energie einen sehr hohen Innendruck haben muss, der sogar Atomkerne zusammenhalten und auch zerstören kann. Die in verschiedenen Theorien postulierten Gravitonen müssten in den Neutronen-Sternen wohl sehr verstärkt vorhanden sein, damit diese Modelle funktionieren. Woher sollen diese gekommen sein? Die sehr hohen sekundlichen Umdrehungszahlen der Neutronensterne stammten von dem energetischen Drehimpuls der explodierten Vorsonnen, die nun mit der verbliebenen Masse auf einen sehr kleinen Restdurchmesser geschrumpft sind und der Pirouetten-Effekt wirksam wird. Die Massedichte ist enorm, denn es fehlt das Raum-Volumen der vorher intakten Atomkerne. Auch pulsierende Quasare sind unter anderem in dieser Richtung einzuordnen.

## 4.16 Die Kernfusion ist die Quelle der nutzbaren Energieformen

Nimmt Materie durch Kernfusion oder Kernspaltung ihrer Atome mehr oder weniger Raum ein, wird Raum-Energie exotherm freigegeben. Das gilt bis hin zur Entstehung vom Element Eisen. Schwerere Elemente ab dem Element Eisen entstehen durch Energieeintrag mit endothermer Kompression oder exothermen Kernzerfall aus noch schwereren Elementen tief im Inneren von Sonnen und bei der Explosion von Sonnen.

## 4.16.1 Die Starke Wechselwirkung der Materie

Bei der Kernfusion in den Sonnen wird über Zwischenstufen aus vier Wasserstoffatomen ein Helium-Atom. Das einzelne Helium-Atom verdrängt weniger Raum-Energie, als die Summe der Volumina der vorherigen vier Wasserstoffatome und hat auch etwas weniger Masse als die Summe der Masse von vier Wasserstoffatomen.

Bei der Kernfusion ist ein bestimmter Masseverlust der beteiligten Ausgangsmasse nachweisbar. Es wird somit ein Teil der beteiligten Masse in Raum-Energie über Strahlung und Teilchenstrahlung zurückgewandelt. Viel größer ist aber der Einfluss vom Volumen her. Das Volumen der Ausgangsmasse ist wesentlich größer als das Volumen der fusionierten Masse. Ein aus der Fusion entstandenes Helium-Atom nimmt nur ein Viertel an Raum-Volumen ein, wie die vorherigen vier Wasserstoffatome für sich in Summe an Raum verdrängt hatten. Es wird somit bei der Kernfusion Raum-Volumen und damit Raum-Energie freigesetzt! (siehe auch Wikipedia Suchbegriff: Kovalenter Radius und Van-der-Waals-Radius).

**Durch Kernfusion wird Raum-Energie freigesetzt, weil die beteiligte Materie gegenüber der Ausgangs-Materie nach der Kernfusion weniger Raum einnimmt und in Summe auch einen Masseverlust hat! Freiwerdendes Raumvolumen und Masseverlust setzen Energie frei.**

Die Kernfusion in den Sonnen erfolgt wohl ohne den Umweg über Tritium mit Deuterium und Lithium, sondern überwiegend direkt aus dem Plasma in den Sonnen aus vier Wasserstoffatomen. Es ist aber wegen der räumlichen Gegebenheiten ein kontinuierlicher Prozess, weil sich die in den Sonnen vorrätigen Wasserstoffatome nicht alle gleichzeitig in der richtigen räumlichen Position zur Kernfusion befinden und die ionisierten Atom-Teile erst zusammenfinden müssen. Die Turbulenzen sorgen für eine entsprechende Durchmischung. Bei der Kernfusion entstehen energetische Druckwellen in höchsten Gamma-Frequenzbereichen im Feld der Raum-Energie und hochenergetische Strahlung und Teilchenstrahlungen aus der Umwandlung von Protonen in Neutronen. Umliegende Atomkerne in den inneren Schichten in Richtung Oberfläche der Sonnen werden wiederum durch diese Anstoß-Energie in Schwingungen versetzt.

In der Atomphysik werden die Energie-Teilchen als Neutrinos bezeichnet, mit ähnlichem Verhalten wie Photonen, die das Licht übertragen sollen. Es sind aber nach der Quastschen Energiefeld-Theorie Druckwellen im Feld der Raum-Energie, die diese gewaltigen Energiemengen in Form von Strahlung, die bei der Kernfusion entstehen, ableiten. Die Vorgänge von Volumens-Veränderung in dem unter unvorstellbar hohem Druck stehenden Energiefeldes erzeugen bei Veränderung diese höchsten Frequenzen an Gamma-Strahlung. Anderweitig könnte das freiwerdende Energiepotential nicht in angemessener Zeit abgeführt werden.

**Die Vorgänge bei der Kernfusion sind der Überschall-Knall im Feld der Raumenergie. Das ist die Wasserstoffbombe.**

Nach der Quastschen Energiefeld-Theorie entsteht Materie aus Raum-Energie in den Zentren der Galaxien durch

Unterdruck-Kondensation. Die neu entstandene Materie verdrängt durch ihr Volumen die Raum-Energie und verzerrt das Potentialfeld. Verschwindet das Volumen der Materie bei der Kernfusion, wird die Verzerrung des Potentialfeldes wieder zurückgeführt und folglich Raum-Energie überwiegend in Form von Gamma-Strahlung freigesetzt.

Allgemein ist bekannt, der Überschall-Knall im Medium der Luft entsteht ursächlich aus einem Vakuum-Ausgleich. Das Medium der Luft wurde so schnell beschleunigt auseinandergetrieben, dass es sich erst nach dem Durchgang des Flugzeuges oder Projektils durch Schließen des Vakuums mit einem hochfrequenten, energiestarken Knall wieder zusammenfindet.

Als Beispiel ist der umgekehrte Fall von Volumenänderung allgemein bekannt: Ein mit Überdruck aufgeblasener Luftballon platzt mit lautem Knall, weil Luftschichten mit verschiedenem Druck aufeinander prallen und sich ausgleichen müssen. Bei schnellen chemischen Reaktionen entsteht eine Explosion im Medium der Luft. Das Produkt aus der chemischen Reaktion hat bei der Zusammenführung der Ausgangsteilchen ein größeres Volumen infolge seiner Molekülstruktur und verdrängt somit mehr Luft als die Ausgangsteilchen. Bei der Knallgasexplosion beansprucht das Wassermolekül $H_2O$ mehr Volumen als die Einzelatome von zweimal Wasserstoff und einmal Sauerstoff. Dazu kommt die Expansion der Medien aus der Wärmeabstrahlung der chemischen Reaktion. Ebenso sind Volumenänderungen bei Kristallisationsvorgängen allgemein bekannt. Wasser in Form von Eis benötigt mehr Volumen als im flüssigen Zustand.

Höherwertige Elemente als Eisen werden im Inneren von Sonnen aufgrund des immer höher werdenden Innendrucks infolge des zunehmenden Masse-Druckes in Richtung des Schwerpunktes in den inneren Schichten der Sonnen zu immer höherwertigen Elementen über die Kernfusion, nun aber bei endothermer Energieaufnahme atomar zusammengedrückt. Diese neuen Elemente nehmen mehr Raum ein, als ihre Ausgangselemente und fordern von daher Energieeintrag, hier Energie aus der Raum-Energie. Es entstehen fast alle höherwertigen Elemente in Vor-Sonnen, die auch die Grundlage für die Materie in unserem Planetensystem darstellen. Dafür mussten aber diese Vor-Sonnen zunächst sterben, damit sich weitere Systeme, wie unser Planetensystem, entwickeln konnten. Das ist ebenfalls eine Grundlage für den Lebensraum auf dem Planeten Erde.

### 4.16.2 Die Schwache Wechselwirkung der Materie

Die Kernspaltung von Atomen, in unserer Welt durch die Spaltung des Urans und des Plutoniums und deren Isotope, wird bekanntlich zur Energiefreisetzung in Atombomben und Atomreaktoren genutzt. Die Spaltprodukte nehmen nach der Kernspaltung weniger Raum im Feld der Raum-Energie ein und verlieren zusätzlich etwas an Masse und von daher wird Raum-Energie freigesetzt. Diese Raum-Energie wurde der Materie bei ihrer Entstehung mitgegeben, da Materie selber aus kondensierter und fusionierter Raum-Energie besteht.

### 4.16.3 Die tödliche Fusions-Strahlung ist die Grundlage irdischen Lebens

Die aus der Kernfusion hervorgebrachte hochenergetische Gamma-Strahlung wäre für die biologische Natur nicht hilfreich. Durch Transformation der Schwingungsfrequenzen über die Atomkerne der umliegenden, unter hohem Gravitationsdruck stehenden Gas- und Plasma-Materie in den Sonnen, wird aus hochfrequenter Strahlung niederfrequentere Licht- und Wärmestrahlung. Das ist der Ursprung der für die Menschheit auf der Erde nutzbaren Sonnen-Strahlung. Es ist vergleichbar mit der bekannten Leuchtstoffröhre. Die hochfrequente Strahlung aus der internen Gasentladung ist nur als schwaches Glimmen zu sehen, aber erst die Leuchtstoff-Schicht transformiert die hochfrequente Strahlung in sichtbares und damit brauchbares Licht.

Das den Planeten Erde erreichende Licht ist durch den Abstand Erde zur Sonne optimal eingestellt. Die hochenergetischen Teilchenstrahlungen werden vom Magnetfeld und von der Luft-Atmosphäre der Erde abgefangen und weitestgehend energetisch reduziert, so dass biologisches Leben auf diesem Planeten erst möglich wurde. Die Dosis ist durch den Abstand und Drehung Erde zur Sonne zum Glück so eingestellt, dass Wasser in gemäßigten Temperaturbereichen flüssig bleibt, was die Grundlage für jegliches biologische Leben ist. Bei Störungen dieser Verhältnisse durch Schwankungen in der Sonnenaktivität, Durchzug von interstellaren Materiewolken durch unser Sonnensystem, Einschläge von Asteroiden und Kometen, vulkanische Aktivitäten und anderem auf dem Planeten Erde, kann es zu

Überhitzungen oder auch zu Abkühlungen kommen, die Eiszeiten zur Folge haben.

**Der Planet Erde hat schon so einiges erlebt und wird auch den Menschen überleben, und danach noch ein paar Milliarden Jahre weiter, auch als unbewohnbarer Planet, unter dem heißen Sonnenwind des Roten Riesen Sonne existieren.**

Ohne die Gravitationswirkung des Mondes wären die lebensfreundlichen Bedingungen auf der Erde mit ihrer Eigendrehung und dem gemeinsamen Abstand zur Sonne für das biologische Leben nicht gegeben. Ohne den von der Erde abgespaltenen Mond hätte der Tag auf Erden nur acht Stunden. Die Lage der Erdachse wäre wesentlich schwankender, als in Verbindung mit dem stabilisierenden Mond. Das wären keine Bedingungen für ein biologisches Leben. Tektonik der Erdplatten und Aufwölbung von Kontinenten würden fehlen, es gäbe nur wenige flache Inseln mit nur schwachen, nur von der Sonne bedingten Gezeiten von Ebbe und Flut. Es würden sich Bedingungen wie auf dem Mars einstellen, der aber wegen seiner kleineren Masse auch keine lebensnotwendige Atmosphäre und Wasser halten kann. Die vorhandenen Physikalischen- und Lebens-Bedingungen des Planeten Erde sind im Weltraum wohl sehr selten gegeben, aber nicht unmöglich, denn sonst gäbe es unseren Lebensraum, den Planeten Erde, auch nicht. Von daher sind im Universum mit der gegebenen Vielfalt ähnliche Bedingungen auch mehrfach möglich.

**Sonne und Mond in ihrer Konstellation bilden die Lebensgrundlage für alles biologische Leben auf dem Planet Erde.**

Es bedarf nur weniger Veränderungen der Verhältnisse, und die Voraussetzungen für das Leben schwinden. Unbewohnbare Himmelskörper gibt es in unzähligen Mengen in jeder Galaxie.

## 4.17 Das Licht entsteht durch Kugel-Schwingung der Atomkerne

Die Schwingungen der Atomkerne finden in dem alles durchdringende Feld der Raum-Energie statt und werden durch **Druckwellen** an das umliegende Feld der Raum-Energie, fast verlustfrei übertragen. Auch die Übertragung erfolgt sehr verlustarm und wird mit der Lichtgeschwindigkeit, im Normalfall kugelförmig, im Feld der Raum-Energie in Form von Druckwellen weitergeleitet. Voraussetzung dafür ist ein sehr, sehr hoher Innendruck im Feld der Raum-Energie und eine sehr geringe Elastizität. Jede räumliche Bewegung mit Druckwirkung auf dieses Feld wird unmittelbar unverändert weitergeleitet. Wir sehen es bei dem Licht und anderen vergleichbaren Strahlungen.

Licht ist eine Form der Energie-Übertragung und setzt sich mit Lichtgeschwindigkeit im Inneren des Energiefeldes, der Raum-Energie, durch Druckschwankungen fort. Das ist vergleichbar zu den Schallwellen in den Materie-Medien Luft oder Wasser. Druckschwankungen je Zeitinterwall ist übertragene Energie, die als Arbeit definiert ist mit dem Produkt aus Kraft mal Weg in einer Zeiteinheit. Bei den schwingenden Atomkernen mit ihren Elektronenhüllen handelt es sich aber um Kugelschwingungen, die im Feld der Raum-

Energie eine vielfältige Art und Gemisch von Schwingungen hervorruft. Atome, auf die diese Schwingungen einwirken, werden dadurch in gleichfrequenter Art als Energiespeicher und Reflektor angeregt. Die damit gegebene Farbenvielfalt und Lichtstärke ist in allen Lebensbereichen von ausschlaggebender Bedeutung.

**Jede räumliche Schwingungs-Bewegung in Atomkernen überträgt sich auf das umgebende Potentialfeld der Raum-Energie und wird über Energiedruck-Wellen mit ihrer Vielfältigkeit in Lichtgeschwindigkeit an den umgebenden kugelförmigen Raum, den mit Raum-Energie ausgefüllten Raum, übertragen und fast verlustfrei bis an dessen Grenzen, bis zur Hintergrundstrahlung weitergeleitet.**

**Umgekehrt werden Energie-Druckwellen von anderen Schwingungsquellen aus dem Raum auf Atomkerne übertragen und diese jeweils in ihrem Verbund in Resonanzschwingungen versetzt. Anderenfalls wäre kein Gegenstand für uns sichtbar. Die verschiedenen Farben ergeben sich aus dem Gemisch von Reflexion und Absorption der verschiedenen Frequenzanteile aus dem Lichtspektrum.**

Die zu den Protonen gegenpolig geladenen Elektronen sind in die Schwingungen auch mit eingebunden, haben aber keinen so großen Einfluss, weil sie im Verhältnis zum Atomkern wenig Raum einnehmen und Raum-Energie verdrängen. Sie wirken aber in ihren Bahnbewegungen und Schwingungs-Systemen über ihre Ladungen erheblich auf den Atomkern zurück, was somit auch auf den Atomkern und damit auf die Energie-Druckwellen einwirkt. Also das gesamte Schwingungs-System im Atom oder deren kristalline und chemische Verbindung aus Atomen wirkt auf das umgebende Energiefeld ein und umgekehrt. Jede Atomkombination, jedes Element, jedes Molekül hat ihr eigenes spezifisches Schwingungsbild und Resonanzverhalten und geben Schwingungsmuster über Energie-Druckwellen ab oder werden entsprechend durch Energie-Druckwellen zu Eigenschwingungen angeregt. Das Verhalten der Elektronen auf ihren Schwingungs-Schalen und den plötzlichen energetischen Sprüngen zwischen diesen Schalen sind die Reaktionen, die energetische Strahlung und Partikel-Strahlung verursachen und mit der Quanten-Elektrodynamik erklärt werden.

**Mit diesem Modell wird die verlustlose Energieübertragung von Atom zu Atom und von Materie zu Materie ermöglicht.**

## 4.18 Die Elemente der Materie bestimmen die Frequenzen der Strahlung

Die Frequenzen der von den Atomkernen abgegebenen Licht- Wärme- oder niederfrequente Radiostrahlungen hängen von den Erreger- und Anstoßenergien und dem Erregungs- und Resonanz-Verhalten gemäß den verschiedenen Elementen der Materie ab. Da das Atom ein massebehaftetes System und auch ein energetisches Schwingungs-System ist, ergeben sich die verschiedensten physikalischen Verhaltensweisen, je nach Art dieser Zusammensetzung.

Aus dem Spektrum der Strahlungen der unterschiedlichsten Atome lassen sich Rückschlüsse auf die Materie bis hin zu den einzelnen Elementen erkennen. Die energetischen Reaktionen und Schwingungen der Elektronen hängen eng mit dem Schwingungsverhalten der Atomkerne zusammen. Änderungen in den jeweiligen Zonen haben somit über die Atomkerne Rückwirkung auf das Feld der Raum-Energie. Die Atomkerne verdrängen mit ihrer Masse die Raum-Energie und haben somit unmittelbaren Kontakt zu den Schwingungen im Feld der Raum-Energie.

### 4.19 Strahlung hat direkte Rückwirkungen auf die Materie

Trifft das Licht, Wärme- oder Radiostrahlung bis hin zur Gamma-Strahlung auf Materie, werden wiederum deren Atomkerne in diese Schwingungen versetzt. Je größer die Absorption und das Resonanzverhalten, je mehr Energie wird vom Empfänger übernommen. Die mit dem Licht übertragene Energie wird vom Empfänger aufgenommen und z.B. in gleich- oder niederfrequente, z.B. Wärmeschwingungen, transformiert. Die Lichtenergie, die nicht absorbiert wird, wird wieder in Richtung Einfallswinkel gleich Ausfallswinkel, abhängig von der Druckwellen-Frequenz und den Resonanzbedingungen der Atomkerne, reflektiert oder anderenfalls diffus absorbiert und auch in andere Frequenzen transformiert und zurückgestrahlt.

**Reflexionen und Absorptionen von Energie-Druckwellen sind in Verbindung mit Materie über deren Atomkerne**

und deren Schwingungsverhalten verbundene Reaktionen mit den Erscheinungen und Reaktionen aus den Quantentheorien.

Ein Licht-Spektrum (Regenbogenfarben) ergibt sich durch die verschiedenen Licht-Weglängen des Frequenz-Gemisches des weißen Lichtes durch unterschiedliche Brechungswinkel am Übergang von Dichtegrenzen im Medium Wassertropfen oder Prisma oder Spaltstreuung. Die Brechungswinkel und Laufzeiten der verschiedenen Licht-Farben sind im Medium von Glas, Kristall oder Wasser unterschiedlich, von daher erfolgt eine Trennung der Farben an Dichtegrenzen. Absorption der Energie benötigt Resonanz-Bedingungen (Frauenhofer-Linien im Spektrum) und hängt von der Schalen-Besetzung und dem Schwingungsverhalten der Elektronen in den Atomen ab.

## 4.20 Das Feld der Raum-Energie transportiert und leitet das Licht

Da die Raum-Energie im Energiefeld selber ohne Masse und damit auch ohne Beschleunigungs- und Reibungsverluste ist, kann das Licht und die Radiostrahlung fast verlustlos mit der Anstoßgeschwindigkeit im Potentialfeld der Raum-Energie übertragen werden. Diese Anstoßgeschwindigkeit im Potentialfeld der Raum-Energie ist die Lichtgeschwindigkeit.

Dieser Effekt ist vergleichbar zu den Schallwellen in Luft oder Wasser, die auch durch Druckwellen im Medium weitergeleitet und gerichtet werden. Das setzt auch eine Elastizität des Feldes der Raum-Energie voraus, denn die Druckwellen müssen sich auf- und abbauen können, ohne eine örtliche Eigenbewegung des Potentialfeldes hervorzurufen. Es ändert sich örtlich nur das jeweilige Energiepotential im Takt der zu übertragenden Energie-Druckwellen.

Unterschiedliche Potentialdruck-Bereiche der Raum-Energie im Weltraum beugen das Licht durch Reflexion an den Dichtegrenzen wie an einem Spiegel, oder vergleichbar zu Schallwellen an Grenzflächen unterschiedlicher Luftdichte (Donnerhall). Es entsteht ein diffuser Lichtleiter-Effekt mit Einfallswinkel gleich Ausfallswinkel. Das Licht läuft somit auch im Bogen, es wird aus der Graden umgeleitet und folgt dem gekrümmten Raum infolge von diffuser Totalreflexion an Dichtegrenzen. Diesen Effekt sieht man dem Licht vorerst nicht an, denn es bewegt sich in Bereichen gleichen Potentiales im Feld der Raum-Energie, in Äquipotential-Bereichen.

Kommt das Licht in andere Medien, wie Luft oder Wasser, wird die Lichtgeschwindigkeit herabgesetzt. Für die gleiche Strecke benötigt das Licht eine längere Zeit, oder in der gleichen Zeit legt das Licht eine kleinere Strecke zurück, als im luftleeren Weltraum. Zusätzlich treten bei Lichteinfall unter einem Winkel an den Dichtegrenzen Lichtbrechung und Lichtreflexionen auf bis hin zur Zerlegung der Strahlung in ihr Frequenz-Spektrum.

Diese Effekte der Ablenkung der Strahlung sind auch im Universum anzunehmen, denn unterschiedliche Dichtegrenzen im Feld der Raum-Energie sind in der unmittelbaren Umgebung von Objekten mit großen Gravitations-Senken zur erwarten und ebenso an Übergängen zwischen Bereichen mit anderem Potential-Druck im Feld der Raum-Energie. Die Strahlung bewegt sich dabei, so weit als möglich, in den Äquipotential-Bereichen mit gleichem Druck der Raum-Energie fort und wird von daher auch im Bogen abgelenkt, wenn der Raum gekrümmt ist.

**Die im Universum von der Materie abgegebene Strahlung muss ja erhalten bleiben, da Energie nicht verloren geht. Diese Energie benötigt von daher einen Speicher. Ein absolut leerer Raum, ein Vakuum, kann kein Speicher sein. Von daher ist das Feld der Raum-Energie der Speicher, in dem die Strahlung von der zerstörten Materie zurückgeht, woher die Materie selber gekommen ist.**

Nach Einstein krümmt die Raum-Zeit den Raum, was sich aus den mathematischen Gleichungen für die Gravitation ableitet. Es gilt aber auch die Frage nach der Kausalität zu stellen, denn es kann ja auch der Weg gekrümmt sein und die Raum-Zeit ist gleichförmig linear.

## 4.21  Einsteinsche Fata Morgana

Als in Verbindung mit einer Sonnenfinsternis im Jahr 1919 von A. S. Eddington in Afrika bewiesen wurde, dass ein Stern am Rand der Sonne noch sichtbar war, obgleich er hätte an dieser Position von der Sonne verdeckt sein müssen, und nahe zur Sonne hin stehende Sterne ihre Position änderten, wurde daraus gefolgert: Die Sonne lenkt mit ihrer

"Massen-Anziehungskraft" das aus Photonen bestehende Licht aus seiner Bahn ab und krümmt somit die Lichtbahn. Damit wurde die Gravitation, interpretiert als Massenanziehungskraft auf Licht, und diese Eigenschaft des Lichtes als Beweis abgeleitet und die von Albert Einstein vorhergesagte Relativitätstheorien als bewiesen anerkannt, dass die Gravitation über die gekrümmte Raum-Zeit ursächlich zusammenhängt.

**Gegendarstellung:**

Angebliche Ablenkeffekte von Licht nach der Theorie von der Massenanziehungskraft der Himmelskörper, bedingt durch die nicht näher definierte Photonen-Eigenschaft der Lichtquanten, müsste es somit auch in Verbindung mit dem Mond bei Neumond oder den Planeten geben. Dieses ist aber bis heute noch nicht bekannt geworden, denn deren Gravitationskräfte sind im Verhältnis zur Sonne auch sehr viel geringer.

Aus dem von mir beschriebenen System von Raum-Energie und Licht als Druckwellen in diesem Potentialfeld ist der Vorgang der Lichtumlenkung als eine Fata Morgana zu interpretieren. Hinter der durch Sonnenfinsternis verdeckten Sonne stehende Sterne können noch gesehen werden, weil es Reflexionen an Dichtegrenzen der Raum-Energie in der Nähe der Sonnenoberfläche gibt. Das gleiche gilt auch für nahe bei der Sonne stehende Sterne während der Sonnenfinsternis, die eine andere Position einnehmen. Allerdings ist bei den Aussagen Vorsicht geboten, denn die hell leuchtende Corona bei Sonnenfinsternis nimmt ein erhebliches Sicht-

Feld in Anspruch, wodurch die übliche Strahlungsstärke der Sterne überlagert wird. Die Corona selbst ist schon ein Reflexionsfeld der Sonnenstrahlung an dem Partikel- und Strahlungs-Strom aus der Sonne heraus.

Die Sonne mit ihrer großen Masse hat über ihren Gravitationseinfluss erhebliche Rückwirkungen auf das Feld der Raum-Energie und verzerrt das Potentialfeld durch ihre Gravitation. Zusätzlich kommt bei Sonnen, und somit auch bei Sternen und Galaxienzentren ein erheblicher Strahlungsdruck aus einer Vielzahl von Strahlungsarten hinzu. Diese Abstrahlung von Energiewellen verzerrt ebenfalls das Potentialfeld der Raum-Energie schichtweise. In den näheren Bereichen wird somit der Druck im Potentialfeld der Raum-Energie erhöht, was zusätzliche Dichtegrenzen hervorbringt.

Diese Vorgänge führen im näheren Umfeld der Sonnenoberfläche zu sehr erhöhten Druck-Schichtungen im Potentialfeld der Raum-Energie. An diesen Grenzen unterschiedlichen Druckes wird das Licht bogenartig reflektiert, so dass auch hinter der Sonne stehende Sterne sichtbar werden können. Ebenso werden nahe der Sonne im Umkreis stehende Sterne in ihrer Position durch die gekrümmten Lichtwege ringsherum verschoben. Das Licht läuft in dieser Nähe zu einem Masse- oder Strahlungs-Objekt, welches das Feld der Raum-Energie verzerrt, auf einer gebogenen Teilstrecke auf sogenannten Äquipotential-Linien mit gleichem Druck im Potentialfeld der Raum-Energie. Erst dadurch erfährt das Licht eine Umlenkung. Es läuft somit in einem Bogen gemäß den kugelförmigen Äquipotential-Linien. Dabei kann aber einiges an Strahlungskraft durch Streuung gemäß der Quantentheorien verloren gehen, oder es bilden sich sogar linsenähnliche Verstärkereffekte aus. Diese Effekte sind natürlich nur schwer festzustellen, welcher Lichtstrom geht in den Bereich hinein und welcher Teil des Lichtstromes kommt nach der Umlenkung heraus. Das Licht nimmt im Potentialfeld der Raum-Energie zum Teil den Weg mit dem gleichen Druck, das ist die Äquipotential-Linie und wird somit aus der geraden Bahn im Bogen umgelenkt. Die Umlenkung findet nur in den Bereichen statt, wo der entsprechende Druck im Potentialfeld die Energiedruckwellen des Lichtes umlenken kann.

Es darf ja auch mal die Frage gestellt werden: Warum ist die auf- und untergehende Sonne für uns sichtbar größer als tagsüber, oval verzerrt und sogar im Lichtspektrum zum Rot hin verschoben? Es könnten die genannten Effekte aus der hier aufgezeigten Energiefeld-Theorie ihre Einflüsse haben, aber hier im Medium der Luft. Frequenzfilterung, Frequenzalterung, Lichtspiegelung mit Verzerrungs- und Lupeneffekten wirken sich aus.

Diese Vorgänge ergeben sich auch im Medium der Luft und sind als Fata Morgana bekannt. Bei großer Hitze, wo bodennahe erhitzte, und somit in der Dichte veränderte Luftschicht einen Spiegeleffekt verursacht, mit der vorausliegende oder sogar bei höherer Lage der Spiegelschicht hinter dem Horizont vorhandene Dinge sichtbar werden können, allerdings spiegelverkehrt umgeleitet.

Es gibt auch Spiegeleffekte an Dichtegrenzen im Medium Wasser, je nach Einfallswinkel bis hin zur Totalreflexion bei

Sonnenuntergang. Ein Taucher unter Wasser sieht an der Grenze zwischen Wasser und Luft eine silbrige Schicht, an der Licht reflektiert wird, an Luftblasen im Wasser und an der Wasseroberfläche. Im Medium Luft ist der Donnerhall ein Beweis für Spiegelungen von Schall-Druckwellen an Dichtegrenzen der Luftschichten mit unterschiedlichen Dichten, bedingt durch die jeweilige Temperatur oder dem Luftdruck der Bereiche.

**Strahlung aller Art wird an Dichtegrenzen im Potentialfeld der Raum-Energie oder an Dichtegrenzen in den Medien von Luft und Wasser in der Richtung umgeleitet und gestreut.**

Diese Verzerrungen und Spiegelungen in der Nähe von großräumigen Energiedichte-Grenzen sind im Weltraum an verschiedenen Stellen mit Fotos belegbar. Es gibt sogenannte Linseneffekte, wodurch fernere Galaxien im Bogen verzerrt oder kreisförmig angeordnet erscheinen. Eine Galaxie oder ein in ihr vorhandener Quasar hinter einem Strudel im Potentialfeld der Raum-Energie erscheint mit zwei spiegelgleichen Bildern rechts und links neben dieser Gravitationslinse, bedingt durch Druckgrenzen im Potentialfeld der Raum-Energie. Das Licht dieser Galaxien geht durch Gebiete mit vielleicht von vielen Schwarzen Löchern oder massedichten Neutronensternen verursachten Dichte-Grenzen der Raum-Energie. Dadurch werden Ablenkungen der Lichtwellen hervorgerufen, die dem allgemein bekannten Effekt einer Fata Morgana gleichen. Daraus könnte auch der Druck im Feld der Raum-Energie abgeleitet werden, wie hoch er an der Stelle sein müsste. Hinweis

Quelle 6, S 93 ff. Ein weiteres Beispiel ist das Einsteinkreuz und der Einsteinring, die ein Mehrfach-Bild oder Ringbilder von Quasaren zeigen, die hinter stark gravitativen Objekten stehen. Hinweis Quelle 10.

**Mit dieser logischen Ableitung ist die Theorie vom Feld der Raum-Energie und das Vorhandensein von Licht als Dichteschwingung in diesem Energie-Feld als möglicher Beweis gegeben. Eine Gravitation oder Massenanziehungskraft auf das Licht ist somit für den Effekt der Lichtablenkung im Weltraum nicht erforderlich. Das Licht wird an Dichtegrenzen durch die Bereiche mit gleichem Druck, dem gleichen Potential im Feld der Raum-Energie geleitet. Ist der Raum oder der Bereich gleichen Druckes gekrümmt, läuft auch das Licht zum Teil innerhalb des gekrümmten Raumes auf einer Äquipotential-Linie, ähnlich dem Licht in Lichtleitern oder den Satelliten um den Planeten Erde.**

Damit ist der Gegenbeweis zu der Theorie der bisherigen Wissenschaft gegeben die besagt, es gibt die Kräfte der Massenanziehung auch auf das Licht, und von daher unterliegt das Licht, bestehend aus Teilchen, den Photonen, den Bedingungen von Massenanziehungskräften. Umgekehrt wird daraus gefolgert, es gibt diese Massenanziehungskraft zwischen den Himmelskörpern. Es werden dafür Gravitonen als Teilchen definiert und von Seiten der Forschung als Higgs-Teilchen gesucht, die für die Massenanziehungskraft verantwortlich sein sollen.

**Diese Theorien sind gemäß meiner Energiefeld-Theorie aufzugeben und neu zu interpretieren. Es gibt keine Mas-**

senanziehungskraft auf das Licht und sonstige Strahlung. Die Ablenkungen kommen aus den Potential-Schichtungen im Feld der Raum-Energie, die man auch als Bereiche mit unterschiedlichem Energiedruck bezeichnen kann. Das gilt auch bis hin zu den Bereichen, aus der die Hintergrundstrahlung kommt.

## 4.22 Das Feld der Raum-Energie verstärkt und lenkt die Lichtdurchleitung

Das Licht weit entfernter Sonnen würden wir auf Grund ihres geringen berechenbaren Abstrahlwinkels und dem zur Verfügung stehenden Durchmesser der menschlichen Pupille oder der Teleskope nicht sehen können. Die einfallende Lichtmenge wäre gemäß linearer Winkelberechnung zu gering, um merklich wahrgenommen zu werden.

**Das Feld der Raum-Energie verstärkt die Lichtdurchleitung:**

Das Licht der uns zugewandten Seite der jeweiligen sichtbaren Sterne wird aber wie in einem Rohr auf Grund des Energiedruckes der Raum-Energie laufend durch eine diffuse Totalreflektion wie in einem Lichtleiter in einem Trichter gehalten und somit in Richtung des Empfängers erheblich verstärkt und gerichtet. Es findet eine Art Totalreflexion statt, wie der Schall in einem Rohr, z.B. die Verstärkung durch Stehwellen in Blasinstrumenten oder das Licht in einem Lichtleiter. Das Feld der Raum-Energie bildet bei der Durchleitung des Lichtes über tausende von Lichtjahre entfernter Objekte einen sogenannten Fressnell-Linseneffekt auf das Lichtbündel aus. Das ist aber für jeden Standort um das kugelförmig lichtabstrahlende Objekt herum gleich, es findet jedoch damit in Summe um das Objekt herum keine Verstärkung der Gesamtstrahlung statt, da es sich um eine diffuse Reflexion handelt. Ist das Universum in sich, wie angenommen, ein gekrümmter Raum, dann läuft auch das Licht auf einer gekrümmten Bahn, überwiegend der Äquipotential-Ebene vom gleichen Druck der Raum-Energie. Von daher sind weit entfernte Objekte im Universum an einer anderen Stelle zu positionieren, als die quasi lineare Lichtinformation. Der Effekt kann auch mit der Quantentheorie über das Licht des Richard P. Feynman erklärt werden, wenn die Reflexionen im Feld der Raum-Energie mit eingebunden würden. Hinweis Quelle 4.

**Rotverschiebung des Lichtes als Beweis für die Ausdehnung des Universums:**

Es ergeben sich bei weit entfernten, aber starken Lichtquellen, auch Interferenzen im Lichtbündel, z.B. die Kreuzfahnen auf Sternbildfotos oder Lichthöfe in Verbindung mit Brechungseffekten in optischen Instrumenten. Das ist auch ein Hinweis auf Interferenzen in Verbindung mit den Laufwegen an Dichtegrenzen von Linsen und dem Druckwellen-Charakter der Lichtausbreitung. Rotverschiebungen ergeben sich über besonders große Entfernungen über Milliarden von Lichtjahren aufgrund von Interferenzen durch Überlagerung der Druckwellen an diffusen Dichtegrenzen, den Druckgrenzen im Feld der Raum-Energie und aus der Alterung in Amplitude und Frequenzband über die Laufwege.

Gemäß heutiger Theorien und Erkenntnissen ist das Licht auch den Effekten aus der Fluchtgeschwindigkeit infolge der Ausdehnung des Universums in Richtung Rotverschiebung unterworfen. Diese Rotverschiebung ergibt sich aus der bisher allgemein postulierten Ausdehnung des Universums, das von uns aus gesehen hin zu den äußeren Bereichen sich mit zunehmender Geschwindigkeit ausdehnt. Doppelte Entfernung hat eine Verdoppelung der Rotverschiebung zur Folge. Dieser Effekt der Rotverschiebung kann aber auch, oder zusätzlich, mit der Alterung des Lichtes durch Frequenz-Transformation über Milliarden von Lichtjahren interpretiert werden. Doppelte Entfernung, doppelter Einfluss der Alterung auf das Licht. Von daher ist die Ableitung der Ausdehnung des Universums aufgrund der Rotverschiebung auch anders zu interpretieren. Diese Effekte der Alterung der Strahlung jeglicher Art im Feld der Raum-Energie sind von daher auch für die allgemeine Hintergrundstrahlung mit ursächlich.

Albert Einstein hat diesen Dopplereffekt verworfen und die Lichtgeschwindigkeit und auch die der Gravitations-Wellen in ihrer Ausbreitungs-Geschwindigkeit als absolut konstant erklärt und damit die Äther-Theorie verworfen, nach der ein Doppler-Effekt möglich gewesen wäre. Er hatte aber auch nach den damaligen Erkenntnissen keine Hinweise auf die Hubble-Theorie aus dem Jahr 1929 von der Ausdehnung des Universums. Seit dem hat sich keiner mehr an das Thema gewagt und es wird weiter um den heißen Brei herum geforscht. Mit der Quastschen Energiefeld-Theorie werden in dieser Richtung neue Türen geöffnet.

Trotzdem wird aber der Doppler-Effekt des Lichtes dafür genutzt, die Bewegungen der Sterne in der Milchstraße und den entfernten Galaxien für deren Eigenbewegung in Bezug zu unserem Sonnensystem zu bestimmen. Sterne und Galaxien kommen auf uns zu, wenn sich das Licht in Richtung Blau verschiebt oder entfernen sich, wenn sich das Licht in Richtung Rot verschiebt. So wird festgestellt, dass sich die Andromeda-Galaxie auf unsere Milchstraße zu bewegt mit der Möglichkeit, dass sich diese Galaxien in ferner Zukunft durchdringen könnten. Der Dopplereffekt auf das Licht wird sogar bis hin zur Interpretation der Hintergrundstrahlung angewendet und dabei auch die Eigenbewegung unseres Sonnsystems mit über 1,3 Millionen km/h in Bezug zu intergalaktischen Objekten und dem Raum berücksichtigt. Somit gibt es diesen von der Wissenschaft anerkannten und angewendeten Doppler-Effekt auch für das Licht. Das Licht und ähnliche Strahlungsarten haben keine Ausnahmefunktion und Absolutheit in der Ausbreitung in Bezug auf die Lichtgeschwindigkeit.

**Das Potentialfeld der Raum-Energie verhält sich bei der Übertragung von energetischer Strahlung aller Art somit auch vergleichbar wie ein Medium von Luft oder Wasser bei der Übertragung von Druckwellen.**

**Das Blinken der Fixsterne:**

Das Licht der Fix-Sterne mit ihren sehr kleinen Strahldurchmessern ist zusätzlich auch von den Dichteschwankungen und Wegveränderungen infolge thermischer Turbulenzen beim Durchgang in der Atmosphäre unserer Erde starken

Ablenkungen ausgesetzt. Von daher kommt das optische Funkeln, die Farbzerlegung und Zittern in der Lichtstärke der Fix-Sterne. Auch dieses sind Spiegeleffekte an Dichtegrenzen und Laufzeitunterschiede mit Interferenz-Erscheinungen. Es ergeben sich dadurch unscharfe Fotos aus dem Weltraum. Teleskope werden deshalb auf höchsten Bergen in kalter Luft aufgestellt um die Zittereffekte und Interferenzen mit Langzeitbelichtung zu verringern. Bei neuester Technologie durch Doppelspiegel und weitere Maßnahmen von gesteuerter Reflektor-Krümmung können die Störungen zum Teil kompensiert werden.

Bei größeren Objekten, wie Monde und Planeten, treten diese Effekte nicht merklich in Erscheinung, weil die Abstrahlfelder gegenüber den Fixsternen wesentlich größer sind und sich die Lichtablenkungen nicht auf das Gesamtobjekt auswirken. Diese Effekte treten beim Raumteleskop Hubble im luftleeren Raum natürlich nicht derart auf, was die Auflösung der Fotos erheblich verbessert, dafür ist aber der Spiegel raumfahrttechnisch bedingt recht klein im Durchmesser und von daher lichtschwach im Vergleich zu irdischen Teleskopen. Trotzdem werden wegen der fehlenden Einflüsse aus der Erdatmosphäre aus dem Weltraum bessere Bilder aufgenommen als mit großen Teleskopen mit den wenigen nächtlich bedingten Belichtungsstunden von der Erdoberfläche aus. Leider ist die Wartung des Hubble-Teleskopes nun nicht mehr gesichert, wenn die Raumfähren ausgemustert werden.

Weiter zu untersuchen sind auch Effekte von Brechungserscheinungen an Dichtegrenzen von Linsen und Spiegeln, die bei Fotos aus dem Weltraum die helleren Sterne mit Interferenz-Kreuzen und Lichthöfen überlagern. Das hat auch mit der Frage zu tun, in welcher Art und Zusammensetzung kommt der Lichtstrom von den Sternen zu uns.

## 4.23 Das Potentialfeld der Raum-Energie schwächt die Frequenz der Strahlungen in Richtung Rotverschiebung

Nur mit steigender Entfernung über Milliarden von Lichtjahren Abstand wird die nachlassende Impulskraft der Druckschwankungen bemerkbar in Richtung Rotverschiebung der Schwingungsfrequenzen bis hin zu der hochfrequenten Radio- und Mikrowellenstrahlung (Hintergrundstrahlung). Bei so weit entfernten Objekten muss man davon ausgehen, dass auch das Licht und die Radiostrahlung nicht nur gedämpft, in der Frequenz zu niederen Bandbreiten verschoben und zusätzlich auch noch im Bogen entsprechend den Dichteverhältnissen im Potentialfeld der Raum-Energie abgelenkt wird. Von daher ist die Position weit entfernter Objekte in der Richtung als nicht gerade linear voraus zu sehen, sondern infolge der Umlenkung der Strahlung an Dichtegrenzen im Feld der Raum-Energie innerhalb des Bereiches mit gleichem Innendruck an einer anderen Stelle im Raum zu positionieren. Beim gekrümmten Welt-Raum wird das Licht somit im Bogen von diffusen Dichtegrenzen im Feld der Raum-Energie abgelenkt, wenn es in einer Art Kugelform äußere und innere Bereiche mit unterschiedlichem Druck der Energiefelder gibt, die sich aus dem unterschiedlichen Potentialdruck der Raum-Energie gemäß ihrer Entwicklung ergeben.

Durch die im gekrümmten Raum im Bogen über diffuse Totalreflexion abgelenkten Licht- und Strahlungs-Druckwellen ergeben sich auch Interferenzen, indem es durch verschiedene Weglängen zu Überlagerungen und damit zu Frequenz-Verzerrungen und Modulationen kommen kann. Die Effekte können die Rot-Verschiebung mit verursachen.

Rotverschiebungen im Spektrum der Lichtwellen ergeben sich auch infolge der Ausdehnung des Raumes durch aktive Dehnung der Abstände der Objekte zueinander im Gesamt-Universum infolge von Expansion. Das ist aber von daher kein Doppler-Effekt. Verschiebungen im Lichtspektrum hin zum Blau würden sich infolge von Schrumpfungen des Raumes ergeben, und somit der Verringerung der Abstände im Gesamt-Universum, was aber zu unserer Zeit nicht festgestellt wurde. Diese hier genannten Effekte treten aber erst in kosmologischen Dimensionen von Milliarden von Lichtjahren merklich auf.

Dichtegrenzen im Raum sind nicht dünne Grenzen, sondern haben einen Bereich. In diesen Bereichen oder Schichtungen (zwiebelartiger Aufbau des Potentialfeldes der Raum-Energie) gibt es an unterschiedlichen Stellen diffuse Reflexionen, die für den Empfangsort unterschiedliche Abstände haben und es zu unterschiedlich langen Laufwegen kommt. Daraus ergeben sich Interferenzen durch Überlagerung der Wellenbewegungen und Frequenztransformationen, wodurch auch das Licht zu niederfrequenten Radiostrahlungen runter transformiert werden kann.

Dieser Effekt ist z.B. beim Donnerhall zu erkennen, denn die mehrfachen Reflexionen des harten Blitzknalles, es ist auch ein Überschall-Knall, klingen nach der Reflexion an den diffusen Dichtegrenzen im Medium der Luft recht niederfrequent wummernd und von daher in der Ursprungsfrequenz runter transformiert. Der Effekt kommt aus Interferenzen der Schallwellen und hier zusätzlich der Massenträgheit und der hohen Elastizität der Gasmoleküle im Medium der Luft. Es findet somit bei Übertragung von Druckwellen über lange Wege neben der Druckabschwächung auch eine Dämpfung in der Frequenz statt, somit auch für das Licht im Feld der Raum-Energie. Die Lichtwellen können auf ihrem langen Weg über Milliarden von Lichtjahren altern.

Licht unterliegt ähnlichen Effekten wie Druckwellen in den Medien Luft oder Wasser und wird von daher durch Druckwellen übertragen und hier im Potentialfeld der Raum-Energie. Da aber im Weltraum auf dem Weg der Strahlung keine der Massenträgheit unterliegenden und zu bewegenden und sich reibenden Materie- oder Äther-Teilchen die Energie der Strahlung entziehen, wird die Strahlung in weiten Bereichen nicht gedämpft. Trotzdem geht aber Intensität verloren, weil sich die Strahlung kugelförmig ausbreitet. Dadurch tritt eine Schwächung in der Intensität ein. Der nachlassende Strahlungsdruck hat zur Folge, dass die Fähigkeit, das unter hohem Innendruck stehende Potentialfeld der Raum-Energie mit Druckschwankungen im Takte der Schwingungsfrequenz noch zu beeinflussen. Mit steigender Entfernung vom Ausstrahlungsort lässt der Strahlungsdruck wegen der Ausbreitung in einem kugelförmigen Raum nach. Irgendwann lässt dann diese Fähigkeit derart nach, dass für uns ein Nachweis der Strahlung nicht mehr möglich ist, wie es sich bei immer weiter entfernten Sternen ergibt, egal wie groß diese Objekte vor Ort sind.

In Glas-Prismen und Wassertropfen oder Seifenblasen findet an Dichtegrenzen auch die Umlenkung bis hin zur Zerlegung in das Spektrum des Lichtes statt, der bekannten Lichtbrechung zu den Regenbogenfarben. Hier wirken, wie bereits erwähnt, auch Laufzeitunterschiede und Interferenzen der Frequenzanteile des Lichtes in den durchsichtigen Medien mit, die das Licht in ihre Farben zerlegen (Prismen-Effekt). Aus den Spektrallinien der Sterne lassen sich Rückschlüsse auf die lichtaussendenden Elemente und Moleküle ziehen. Aus Überlagerungen, Absorptionen, Additionen oder Interferenzen im Lichtspektrum ergeben sich die Frauenhofer-Linien. Diese Informationen ermöglichen bekannter Weise erst die wertvollen Rückschlüsse auf die Art der Elemente, von denen die Strahlung kommt.

Wäre das Universum der Raum-Energie eine nicht allzu große Kugel, oder das für uns einsehbare Universum eine Kugelschicht, auch als Zwiebelschicht mit eigenem Bereich von spezifischen Energiedruck zu verstehen, müssten wir aufgrund der Totalreflexion der Strahlung an Dichtegrenzen unsere Galaxie, unsere Milchstraße und ihre Begleiter, aus ihrer Entstehungsphase vor einigen 13,5 bis 30 Milliarden Jahren **theoretisch rückwärts** um die Kugel herum sehen können. Das Licht läuft theoretisch im Kreis in Bereichen von gleichem Potentialdruck innerhalb des für uns einsehbaren Universums herum. Aber auch ohne Ablenkung an Dichteschichten im Feld der Raum-Energie stehen die über Milliarden von Lichtjahren entfernten Galaxien schon längst nicht mehr in der ursprünglichen Richtung, aus der uns das Licht heutzutage erreicht, sondern die Objekte sind schon längst weiter gewandert und haben sich weiter entwickelt.

Der tatsächliche Lichtweg beschreibt von daher einen Bogen durch das Universum zu deren heutigen Position.

Die von allen und weit entfernten Objekten abgegebene Strahlung verschiebt sich im Universum der Raum-Energie über weite Entfernungen von hochfrequenter in niederfrequente Strahlung und vermischt sich durch die vielfältigen Umlenkungen an Dichtegrenzen der Raum-Energie zu einem Frequenzsalat, den man als Hintergrundstrahlung im Mikrowellenbereich feststellen kann. Energie geht dabei nicht verloren, sondern wird nur umgeformt in andere Energiearten oder Energieniveaus. Die Interferenzen sind ein Maß für die Weglängen und somit für die Raumausdehnung sowie der Fluchtgeschwindigkeit oder Frequenz-Alterung des Lichtes über große Entfernungen.

**Damit wäre die Ausbreitung von Strahlung im Universum mit dem Feld der Raum-Energie auch für die Effekte der Hintergrundstrahlung eine Erklärungsbasis.**

Die Aussage der Wissenschaftler, die Hintergrundstrahlung sei der Nachhall des Urknalles, ist somit nur eine von vielen Interpretationen aus der heutigen Kosmologie. Es werden sogar Landkarten der Verteilung der Strahlung in der Literatur dargestellt, als wäre für uns das gesamte Universum kugelförmig einsehbar. Wir sehen aber aus unserer Milchstraße wegen deren Abschirmung für alle Art von Strahlung nur einige wenige Teilbereiche des uns umgebenden Universums. Von daher sind diese Darstellungen mit Vorbehalt zu interpretieren oder diese Art von Mikrowellen-Strahlung im 21 cm Bereich kommt auch aus der Milchstraße. Inzwischen sind über die Forschungssatelliten vielfältige interstellare und intergalaktische Strahlungsarten nachgewiesen worden, die weitergehende Rückschlüsse auf die Vorgänge im Universum ermöglichen, und auch die Verdeckung der Strahlung durch unsere Milchstraße berücksichtigen.

## 4.24 Die Lichtgeschwindigkeit bildet eine Übertragungs-Grenze

Licht und sonstige energetische Strahlung sind eine Anstoß-Schwingung im Potentialfeld der Raum-Energie und übertragen gekoppelt mit der Zeit Energie als eine Form von Arbeitsvermögen. Es sind Druckschwingungen mit Verdichtung und Entlastung im Potentialfeld, wobei das Feld an Ort und Stelle bleibt und nur durch die Anstoßenergie mit den Schwingungen verzerrt wird. Das ist vergleichbar zu Schallwellen im Medium der Luft oder Hubwellen auf dem Medium Wasser. Allerdings steht das Feld der Raum-Energie, im Gegensatz zu den Medien Luft oder Wasser, unter einem immensen Innendruck und hat nur eine sehr geringe Elastizität und keine innere Reibung, die daher die Weiterleitung der Energiedruck-Wellen mit der Lichtgeschwindigkeit ermöglicht. Dieser hohe Innendruck der Raum-Energie ist für alle Lebewesen nicht spürbar und nicht messbar. Ein Tiefseefisch in 5000 m Wassertiefe merkt auch nichts von dem hohen Wasserdruck seines Lebensbereiches in diesen Tiefen. Das Leben hat sich an diese Bedingungen angepasst.

Materie wird auf den möglichst kleinsten Raum im Feld der Raum-Energie zusammengehalten, denn die Materie verdrängt für sich die Raum-Energie und erhält von daher Gegendruck. Der Druck der Raum-Energie hält sogar die Atomkerne zusammen, deren gleichnamig positiv geladene Protonen eine erhebliche Abstoßkraft gegeneinander ausüben und somit in einem möglichst kleinen energetischen Raum schwingen, der das Gleichgewicht zwischen Druck und Abstoßkraft stabil hält. Hieraus könnte der Druck der Raum-Energie berechnet werden, wenn man die Abstoß-Kräfte und Raumverhältnisse im Atomkern kennt. Das ist ein Beitrag zur Erklärung der Starken Wechselwirkung, der Fusion von Materie. Umgekehrt kann bei nachlassendem Druck der Raum-Energie durch ewige Expansion des Universums die Fusionen erlöschen und die Materie mit ihren Atomkernen auseinanderfliegen und wieder zurück in Raum-Energie übergehen. Das wäre dann der Rückgang des Universums über den Big-Ripp bis hin zum Neuanfang.

**Licht ist energetische Strahlung ohne Masseneigenschaften in Form von Druckwellen im Potentialfeld der Raum-Energie. Die Wellen-Theorien und die Quantentheorien sind hier mit einzubinden. Diese Theorien sind um die hier dargestellte Quastsche Energiefeld-Theorie zu erweitern.**

Beim Licht und sonstigen vergleichbaren massefreien energetischen Strahlungen, von der Langwelle bis zur Gamma-Strahlung, ist die Anstoßgeschwindigkeit im Feld der Raum-Energie die Lichtgeschwindigkeit. Es ist der Übergang, wo sich beschleunigte Materie mit dieser Geschwindigkeit wieder zu Energie auflösen würde. Somit kann das Licht und sonstige Strahlung auch nicht aus masseähnlichen oder sogar einer Massenanziehungskraft unterliegenden Teilchen, den Photonen bestehen. Der Urknall müsste sogar in Verbindung mit dem Inflations-Modell in der Ausdehnung die Lichtgeschwindigkeit bei weitem überschritten haben. Daraus soll sich dann die Hintergrundstrahlung ableiten, die aber eine Mikrowellen-Strahlung ist und der Lichtgeschwindigkeit unterliegt. Also irgendetwas kann an diesen Modellen nicht stimmen. Hinweis Quelle 2.

Vergleichbare physikalische Verhältnisse sind allgemein auch beim Schall in den Medien Luft oder Wasser bekannt. Der Schall ist eine Druckwelle im Medium und hat mit seiner Anstoßgeschwindigkeit seine Fortpflanzungsgrenze, hier mit der durch die Trägheit und Komprimierbarkeit der Masse im Medium bedingten Schallgeschwindigkeit in Luft, Wasser oder Druckwellen im Erdreich. Das Medium bestimmt das Frequenzverhalten und aus dem Frequenzverhalten lassen sich umgekehrt Analysen zu dem Medium machen. Daraus ist zu folgern:

**Weil das Feld der Raum-Energie keine Masseneigenschaft besitzt und die Komprimierbarkeit des Potentialfeldes der Raum-Energie sehr gering ist, muss die Raum-Energie unter einem sehr hohen Eigendruck stehen, um die Druckwellen von energetischer Strahlung mit Lichtgeschwindigkeit fast verlustfrei weitergeben zu können. In Schichten im Universum mit höheren oder niedrigeren Energiedruck-Bereichen, und somit dem jeweiligen Druck im Potentialfeld der Raum-Energie, wird die Lichtgeschwindigkeit von daher einen anderen Wert haben können. Die Ausdehnung des Universums dehnt den Weg für das Licht und bewirkt einen Teil der Rot-Verschiebung.**

Das Feld der Raum-Energie ist in sich ohne Masse, steht unter einem sehr hohen Druck und ist kaum komprimierbar. Die Raum-Energie durchdringt alles, auch die Materie, aber nur bis hin zu ihren jeweiligen Atomkernen und überträgt alle Schwingungs-Veränderungen aus diesen Materie-Teilchen der Atomkerne direkt und unmittelbar. Somit ist das Energiefeld in der Lage, Druckwellen mit sehr geringer Dämpfung mit Lichtgeschwindigkeit zu übertragen. Von daher ist es physikalisch überhaupt erst erklärbar, dass Licht und sonstige Strahlungen von einem Ort gesendet und zu einem anderen Ort übertragen werden können.

Von nichts kommt nichts!

## 4.25 Licht und Radio-Strahlungen sind Energie-Druckwellen im Feld der Raum-Energie

Licht ist keine Strahlung mittels Teilchen irgendwelcher Art, auch als Lichtquanten oder Photonen bezeichnet, die evtl. der Massenanziehungskraft unterliegen könnten. Licht ist auch keine elektromagnetische Welle, wie es immer wieder gesagt wird.

Ebenso ist die elektromagnetische Radio-Strahlung keine Feldstrahlung mit magnetischen und elektrischen Feldern über weite Entfernungen hinweg. Diese Antennen-Felder sind nur die Erreger für die Atom-Schwingungen im elektrisch leitenden Material der Sendeantenne, die elektrisch als offener oder geschlossener Dipol aufgebaut ist. Diese elektrisch angeregten Schwingungen der Atome beeinflussen das umgebende Potentialfeld der Raum-Energie genauso wie das Licht durch **Energie-Druckwellen** in den jeweiligen Frequenzen. Die Übertragung zum Empfänger erfolgt mit Lichtgeschwindigkeit über das Potentialfeld der Raum-Energie. Im Empfänger werden wiederum im elektrisch leitenden Material der zweipolig als Dipol aufgebauten, und auf das Frequenzband abgestimmten Antenne, Schwingungen der Atomkerne und in Folge dessen Schwingungen bei den freien Elektronen angeregt. Die Antenne ist ein vorgespannter Schwingkreis, der auf Schwingungs-Änderungen seiner in der Antenne vorhandenen Atomkerne und damit auch auf Bewegungen der gebundenen und freien Elektronen reagiert.

**Radiostrahlungen sind Energiedruck-Wellen im Feld der Raum-Energie. Die sogenannten elektromagnetischen Felder zur Übertragung von Radio-Informationen gibt es nur im näheren Umkreis von Sender und Empfänger. Der offene Schwingkreis sorgt für die Bewegung der freien Elektronen im Leiter der Antenne, die ihrerseits wiederum die Atomkerne im Leiter der Antenne in Schwingungen versetzen. Das gilt für Aussendung und umgekehrt auch für den Empfang von Radiostrahlungen.**

Radiostrahlung ist somit keine „Elektromagnetische Strahlung" über weiteste Entfernungen und Lichtjahre hinweg. Die elektromagnetischen Felder und Effekte treten nur in unmittelbarer Nähe der Sende- oder Empfangsantenne auf und werden in elektrischen Schaltkreisen erzeugt und gesendet oder empfangen und zu Informationen weiterverarbeitet.

Um die Schwingungen der Atomkerne in der Sende-Antenne anzuregen, sind die elektrischen Wechsel-Felder als Erreger für Schwingungen der Atomkerne in der Sendeantenne erforderlich. Freie Elektronen werden im leitenden Metall der Sendeantenne mit ihren Schwingungen auch die Elektronenbahnen der Atome beeinflussen und somit die Atomkerne in gleichresonante Schwingungen versetzen. **Erst diese Schwingungen der Atomkerne werden an das Feld der Raum-Energie weitergegeben und somit abgesendet.**

In der auf die Frequenzen abgestimmten Empfangsantenne werden die Atome im elektrisch leitenden Metall durch die Energie-Druckwellen in Schwingungen versetzt und damit auch die Elektronenbahnen der Atome in dem Metall der Empfangsantenne beeinflusst. Diese Schwingungen im Wechsel der Sendefrequenzen, Amplituden- oder frequenzmoduliert, werden dann vom vorgespannten elektromagnetischen Feld der abgestimmten Antenne und deren Schwingkreis über den Fluss der wiederum beeinflussten freien Elektronen an den Verstärker weitergeleitet. Die elektrischen Signale werden über Demodulatoren in die für unsere Sinne erforderlichen Signalarten für Hören und Sehen umgesetzt. Diese Radiostrahlungen werden auch an metallischen Gegenständen (Reflektoren) gespiegelt und umgelenkt oder an ionisierten Schichten in der Atmosphäre je nach Frequenzspektrum umgelenkt.

**Diese Theorie sollten sich die Physiker einmal genauer ansehen und ihre bisherigen Erklärungen über die elektromagnetischen Wellen in Verbindung mit der Quastschen Energiefeld-Theorie überprüfen, wie und warum sie ka-**

bellos über den Horizont hinaus und bis in die Ferne des Weltraums senden und empfangen können.

Die Übertragungsarten sind aber immer wieder Energie-Druckwellen im Potentialfeld der Raum-Energie. Sie werden durch Schwingungen der Atomkerne des Senders an das Potentialfeld der Raum-Energie nahezu verlustfrei induziert, mit Lichtgeschwindigkeit als Anstoßimpulse kugelförmig oder gerichtet zu anderen Atomkernen über das Feld der Raum-Energie durch Energie-Druckwellen weitergeleitet, bis sie einen geeigneten Empfänger erreichen. Das ist physikalisch vergleichbar zur Übertragung von Schallwellen in den Medien Luft, Wasser oder Materiemassen.

Auch die Energieübertragung in sonstigen Frequenzbereichen von der Mikrowelle über die Wärmestrahlung bis hin zu gepulsten Frequenzpaketen von Radar- und Röntgenstrahlungen erfolgt über Druckwellen im Feld der Raum-Energie durch multiformatige Wellen. Die Wellen können Amplituden- oder frequenzmoduliert sein und verschiedenste Schwingungsmuster annehmen. Die Druckwellen gehen aus von Kugelschwingungen der Atomkerne, aus Atomgittern oder gerichteten Antennen heraus, auch speziell gerichtet oder polarisiert und aufgepumpt, wie z.B. beim Laser und LED-Sender und Empfänger.

**Für die Energie- und Informations-Übertragung ist eine Anregung als Druckschwankung im Feld der Raum-Energie erforderlich und ein Empfänger, der auf diese Druckschwankungen im Feld der Raum-Energie reagiert und zur Verarbeitung der Information demoduliert.** Dafür gibt es

Radioteleskope, Spiegelantennen, elektrisch vorgespannte Antennen mit Verstärker und Demodulator in Rundfunk- und Fernsehgeräten und Anderes. Die Übertragung der Rundfunk, Fernseh- und Mobilfunkwellen erfolgt somit auch mittels der Druckwellen im Potentialfeld der Raum-Energie.

Die leitungsgebundene Informations- und Energieübertragung ist ein eigener Bereich:

Die drahtgebundene Informations-Übertragung (z.B. Festnetz-Telefon, Kabelfernsehen) erfolgt im Gegensatz dazu durch die **Anstoßgeschwindigkeit** von freien Elektronen im elektrischen Leiter, die abhängig von den Leitungskonstanten, auch annähernd Lichtgeschwindigkeit erreichen kann. Hier erfolgt die Übertragung aber wegen der sich ausrichtenden atomgebundenen Elektronenhüllen und sich bewegenden freien Elektronen im metallischen Leiter. Das erfolgt auch mit den bekannten physikalischen Begleiterscheinungen aus elektrischen- und magnetischen Feldern aus der Wechselwirkung von sich bewegenden elektrischen Ladungen um die Leitungen herum und ohmschen Wärme-Verlusten in den Leitungen. Diese Wechselwirkungen kosten Übertragungsenergie und Laufzeiten.

**Ohmsche Verluste sind Wärmeverluste über die Atome der Leitungen:**

Bei der Durchleitung von Elektroenergie in metallischen Leitungen und leitenden Gasen treten bekanntlich Wärmeverluste auf. Die freien Elektronen sind aber in den physikalischen Zusammenhängen im elektrischen Leiter nicht so frei, wie man vermuten könnte. Die Elektronen werden von Atomhülle zu Atomhülle im elektrischen Leiter weitergeleitet. Dabei werden die Elektronenhüllen in Schwingungen versetzt, die sich innerhalb der Atome auch auf den Atomkern auswirken. Ein erheblicher Anteil dieser Schwingungs-Energien wird in den Atomkern induziert, und der Atomkern gibt diese Schwingungen wieder in Form von Wärmestrahlung an das Feld der Raum-Energie ab. Somit geht ein Teil der zu übertragenden Elektroenergie in Form von Wärmeenergie in den Leitungen verloren.

Andererseits wird die Wärmeenergie durch ohmsche Widerstände in elektrischen Leitern aber technisch genutzt, um Elektroheizungen aufzuwärmen und Glühlampen und Gasentladungslampen zum Leuchten zu bringen. Durch die ohmschen Verluste im Widerstand der Leitung, hochohmiger Glühfaden oder leitende Gase, werden die Atomkerne über die Vorgänge in ihren Elektronen-Hüllen über die von der elektrischen Spannung durchgedrückten freien Elektronen derart in Schwingungen versetzt, dass sie ein umfangreiches Spektrum an Strahlung in Form von Wärme bis hin zum Ultraviolett und sogar bis hin zur Röntgenstrahlung aussenden können. Diese Strahlungs-Energien werden dann wiederum vom Feld der Raum-Energie weitergeleitet.

Bei der leitungsgebundenen Energie- und Informations-Übertragung werden freie Elektronen am Anfang der Leitung in Schwingungen versetzt, die sich aber körperlich wesentlich langsamer bewegen, als die Anstoßgeschwindigkeit bis hin zum Ende der Leitung. Diese Anstoßgeschwindigkeit von

Atom zu Atom mit den daran leitungsgebundenen freien Elektronen kann annähernd Lichtgeschwindigkeit erreichen. Das ist vergleichbar zu einem mit Wasser gefüllten Gartenschlauch, bei dem sofort Wasser am Ende austritt, wenn am anderen Ende der Wasseranschluss aufgedreht wird oder umgekehrt, am Ende ein Ventil geöffnet wird, wenn am Anfang ein Wasserdruck ansteht, der dann gemäß den Druck- und Strömungs-Verhältnissen Wasser nachliefert. Das neu eingespeiste Wasser kommt körperlich aber erst nach der Durchlaufzeit an.

Bei der zweipolig leitungsgebundenen elektrischen Übertragung stammt die Sendeenergie von einem elektronischen Schaltkreis, bei dem eine entsprechend gesteuerte elektrische Spannung einen entsprechenden Strom nach den ohmschen und elektrodynamischen Gesetzen zur Folge hat. Beim Empfänger kommen aber infolge von Leitungskonstanten und Leitungsverlusten erheblich veränderte Energiemengen und mitunter gestörte Informationsinhalte bis hin zum undefinierbaren Rauschen an. Zwischenverstärker werden erforderlich.

Die Begleiterscheinungen durch ohmsche und elektrodynamische Feldrückwirkung treten bei Informationsübertragung über Licht-Strahlung durch einpolige Lichtwellenleiter derart nicht auf. Bei dieser Art der Übertragung sind es somit Energie-Druckwellen in Form von Licht, die dank der Totalreflexion im Lichtwellenleiter sehr verlustarm über weiteste Entfernungen im amorphen Glas übertragen werden können.

Hier ist auch der Unterschied zu sehen, denn elektromagnetische Felder nach der geltenden Wellentheorie erfordern Zweipoligkeit, die aber im Weltraum nicht vorhanden ist. Energiedruck-Wellen in Lichtleitern oder Strahlung aller Frequenzen mit Aussendung und Empfang im Weltraum benötigen nur die Einpoligkeit für Sender und Empfänger.

Nach den bisherigen Theorien besteht die energetische Strahlung aller Art aus elektromagnetischen Wellen, die sich in energetischen Paketen, den Photonen, mit Lichtgeschwindigkeit im Universum ungehindert ausbreiten können. Sie hätten somit einen elektrischen Feldanteil und einen magnetischen Feldanteil, der sich pulsierend wechselseitig in Schwingung hält. Diese Feldanteile würden auf dem Übertragungsweg nach der uns bekannten Physik unausweichlich Rückwirkungen mit den vorhandenen statischen und dynamischen elektrischen Feldern im Weltraum haben. Das Erdmagnetfeld oder elektrostatische Felder in der Atmosphäre würden Verzerrungen der Strahlung zur Folge haben, ganz zu schweigen von den möglichen Einflüssen der starken magnetischen Felder und elektrostatischen Plasmafelder in der Corona nahe der Sonnenoberfläche. Es ist aber möglich, das Licht der Sterne bei Sonnenfinsternis durch diese turbulenten Bereiche der Sonne hindurch, merklich wenig beeinflusst, zu sehen. Als einziger Einfluss wurde nur die Ablenkung der Lichtstrahlung ferner Sterne infolge der gravitativen Ablenkung durch die Sonne festgestellt. Dafür hat Albert Einstein den Nobelpreis erhalten.

**Warum hat das noch kein Wissenschaftler bisher untersucht, warum es keine Rückwirkungen der postulierten**

elektromagnetischen Strahlung mit den magnetischen und elektrischen Feldern gibt? Der Grund ist, es gibt diese elektromagnetischen Schwingungen im Bereich der energetischen Strahlung über weiteste Entfernungen nicht, sondern die nach der Quastschen Energiefeld-Theorie vorhandenen Druckwellen im Feld der Raum-Energie, die keine Rückwirkungen zu den statischen oder dynamischen magnetischen und elektrischen Feldern haben.

## 4.26 Licht wirkt auf die Atome der Materie unterschiedlich ein und induziert auch Energiesprünge, die Grundlage der Quantentheorie sind

Die Quantentheorie beschreibt die Vorgänge in den Atomen und deren Elektronenhüllen. Die Elektronenhüllen und die Atomkerne sind auch energetische Schwingungs-Felder, die Energie aufnehmen und abgeben und somit speichern können. Diese Vorgänge entziehen sich den klassischen physikalischen Gesetzen, es sind statistische Schwingungs- und Resonanz-Vorgänge mit der Folge von sogenannten Quantensprüngen. Ein Quantensprung ist die äußere Reaktion der Atome auf Energieeintrag oder Energieabgabe in Energie-Paketen. Das vielfältige Schwingungsmuster in den Atomen ist dafür ausschlaggebend. Somit wirken die Energieeinträge von z.B. Lichtwellen auf die Atomkerne ein und bringen diese und ihre Elektronen in Schwingungen. Aufgrund der Schwingungen reagieren die Atome mit sprunghaftem Verhalten, indem z.B. Teilchenstrahlung spontan abgegeben wird oder Elektronen auf ein anderes Schalen-Potential angehoben werden oder sogar als freie Elektronen in der Materie freigesetzt oder aus der Materie ausgeschlagen werden. Das führte in den 1920er Jahren zur Wissenschaft der Quantentheorien. Eine praktische Nutzung dieses Effektes findet z.B. in den elektrischen Solarzellen Anwendung.

## 4.27 Einsteins Quantensprung

Einstein folgerte im Jahr 1905 aus den spontanen Verhalten der Atome bei Energieeintrag durch Licht, dass auch das Licht Quanteneigenschaften besitzen müsste und als Teilchen oder Photonen oder sogar als Partikel-Strahlung somit auf Beziehungen zu Massenanziehungskräften reagieren würde. Die Einwirkung wurde insbesondere auf die Elektronen-Hüllen der Atome bezogen, ebenso die Abgabe von Photonen. Dieses muss bezüglich der gefolgerten Ursache und Wirkung widerlegt werden! Albert Einstein hatte aber auch erkannt und postuliert, dass ein Photon ein Energieimpuls ist.

Gegendarstellung: Nach der Quastschen Energiefeld-Theorie liegt das Licht als Energie-Druckwellen im Feld der Raum-Energie vor und wirkt in Wechselwirkung unmittelbar und zunächst auf die **Atom-Kerne** der Materie ein. Da die unterschiedlichen Wellenlängen der Lichtfrequenzen räumlich länger sind als die Atomkerne räumliche Ausdehnung haben, sind erst eine Reihe von Stößen über Lichtwellen erforderlich, bis das Atom in größere Resonanz-Schwingungen und damit in ein sich aufschaukelndes Energiepotential versetzt worden ist.

Das Atom mit dem Atomkern und seinen Elektronen-Hüllen hat mit seinem Schwingungsverhalten ein Speichervermögen für Energie.

Der Atomkern des Heliums hat eine Ausdehnung von einem Femto-Meter ( = 1 * $10^{-15}$ m ). Das Licht hat aber eine mittlere Wellenlänge von 0,5 Mikro-Meter ( = 0,5 * $15^{-7}$ m ). Von daher müssen erst sehr viele Stöße von Lichtwellen auf den Atomkern einwirken, bis dieser auf Resonanz kommt. Umgekehrt müssen sehr viele Atome gleichzeitiges Schwingungsverhalten ausführen, um merkliches Licht als Energiedruckwelle im Feld der Raum-Energie zu induzieren. Die räumlich eng gelagerten Atome beeinflussen sich dabei auch gegenseitig und nehmen durch Strahlungsaustausch gleichgerichtete Schwingungsmuster an, wie rotglühend, hellglühend oder weißglühend.

Es findet ein Aufschaukeleffekt statt, der erst eine Reihe von Lichtwellen oder sonstigen ähnlichen Strahlungswellen benötigt, die auch Resonanzbedingungen erfüllen müssen, um eine Reaktion auf die Atomkerne und deren Elektronenhüllen-Potentiale auszulösen. Erst dann werden auch Elektronen sprunghaft auf höhere Bahnen in der Elektronenhülle geschoben oder freie Elektronen abgegeben und es findet auch Ionisation statt. Dieser Energieeintrag von Stoßwellen über eine Zeiteinheit im Feld der Raum-Energie ist somit auch als Photon zu bezeichnen. Es ist ein Energieeintrag über ein Zeitintervall und kann als Photon bezeichnet werden, wenn der Energieeintrag eine merkliche Reaktion im Atom zur Folge hat.

Erst nach Erreichen eines bestimmten Eintrages an Energie kommt es zu spontanen Reaktionen im Atom durch Schwingungsveränderungen und Spinverhalten von Atomkern und Elektronenhülle oder Teilchenabgabe in Form von freien Elektronen. Daraus wurde der Begriff des Quantensprunges abgeleitet. Das ist von daher aber nicht eine Eigenschaft des Lichtes, sondern der Aufschaukeleffekte in den Atomen auf einen bestimmten Betrag an Energieeintrag durch Licht-Druckwellen über einen bestimmten Zeitraum, bis eine Reaktion, der Quantensprung einsetzt.

**Der Quantensprung ist eine spontane Änderung des Energieniveaus der Atome mit äußeren Begleiterscheinungen in Folge von Energieeintrag oder Energieabgabe. Das Atom kann Energie speichern und auch wieder abgeben.**

## 4.28 Vorgänge in der Chemie und Biologie stehen im engen Zusammenhang zu dem Feld der Raum-Energie

Chemische und biologische Reaktionen sowie Kristallisationen und Veränderungen des Aggregatzustandes sind immer mit energetischen Vorgängen verbunden, endotherm oder exotherm. Hier wirken die Atomhüllen mit ihrer Vielfalt an Schwingungsformen der Elektronen und damit den chemischen Eigenschaften über die Wertigkeiten und Bindungskräfte ursächlich mit.

Die Schwingungsformen der Atomhüllen wirken sich linear und unmittelbar auch auf die Form und somit des

Schwingungsverhaltens der Atomkerne aus. Das innere energetische Potential der Atome ist somit veränderbar und jede Bahnänderung bei den negativ geladenen Elektronen hat Feld-Rückwirkungen auf die Lage der positiv geladenen Protonen. Die Formveränderungen der Atomkerne haben ihrerseits wieder direkten Kontakt zu dem Feld der Raum-Energie und geben Schwingungen in Form von Energie-Druckwellen ab, weil der Atomkern in seiner Gesamtstruktur die Raum-Energie an dieser Stelle verdrängt und in direktem Kontakt zu diesem Energiefeld steht.

Umgekehrt werden Energie-Druckwellen vom Atomkern übernommen und auf die Elektronenbahnen rückwirkend übertragen. Die Hitze- und Kälte-Reaktionen der Materie sind allgemein bekannt. Somit können die Atome mit ihrem inneren Schwingungsverhalten Energiepotentiale aufnehmen und speichern und ebenso auch wieder abgeben. In den meisten Fällen ist es die Wärmestrahlung.

Da die Elektronenbahnen für jedes Element dessen eigene chemischen Wertigkeiten begründen, haben chemische Reaktionen Formveränderungen der Elektronenbahnen in ihrem Schwingungsmuster zur Folge. Es sind die Elektronen auf ihren spezifischen Bahnen um den Atomkern herum, die mit ihren vielgestaltigen Schwingungs-Mustern die chemischen Wertigkeiten und Bindungskräfte begründen. Bei chemischen Reaktionen oder Kristallisationen verhaken sich die äußeren Elektronenbahnen benachbarter Atome und es findet eine Änderung im Schwingungsverhalten statt, das exotherm oder endotherm über das Schwingungsverhalten der Atomkerne abläuft und somit die Raum-Energie in die Reaktion mit einbindet.

Umgekehrt ergeben sich chemische Reaktionen der Atomhüllen zu anderen Atomen, wenn über dem Atomkern Energieeintrag oder Energieentnahmen zum Feld der Raum-Energie stattfindet und somit die Elektronenbahnen angeregt werden, Verbindung mit anderen Atomen aufzunehmen oder aufzulösen. Diese Vorgänge lösen auch Bewegungen in Atomverbund der Moleküle aus und sind somit für den Aufbau, Abbau oder Veränderungen der chemischen oder biologischen Reaktionen ursächlich.

Diese Vorgänge von Energieeintrag und Energieabgabe in den Atomen finden auch in Sprüngen statt, auch als Quanten bezeichnet, denn es muss sich erst ein gewisser Energieeintrag über die Zeit aufbauen, bis Bahn- oder Schwingungsänderungen der Elektronen ausgelöst werden und chemische Reaktionen oder Veränderungen im Aggregatzustand stattfinden können.

Diese chemischen Reaktionen bewegen sich überwiegend in gemäßigten Temperaturbereichen, begründet durch Wärmestrahlung. Biologische Prozesse sind fast nur in gemäßigten Temperaturbereichen von Null bis zu 50 Grad Celsius möglich. Von daher ist Leben nur unter diesen, im Universum recht seltenen, Bedingungen gegeben.

## 4.29 Teilchenstrahlung ist ein eigener Bereich der Energieübertragung

Energie wird aber auch als beschleunigte Teilchenstrahlung übertragen, insbesondere bei atomaren Umwandlungs-Vorgängen. Das können Alpha und Beta-Strahlung, Sonnenwinde und andere Teilchenstrahlung aus einer Galaxie oder Supernova sein. Diese sind dann aber den Gesetzen der Energiepotentiale für Massen oder bei geladenen Teilchen, den Ionen und Elektronen, den Bedingungen der elektromagnetischen Felder unterworfen. Entsprechendes gilt auch für Neutronen- und Protonenstrahlung und sonstige Quarks und Co.

Zum Glück hat der Planet Erde ein Magnetfeld und eine Atmosphäre, die diese energiereichen Partikel-Ströme von der Sonne und aus der Galaxie weitestgehend abschirmen. Anderenfalls wäre die Entwicklung von biologischem Leben auf der Erde unmöglich oder wird bei zu großer Partikel-Strahlung, insbesondere bei ungewöhnlichen Vorgängen in der Sonne, ausgelöscht. Trotzdem war und ist die Raum-Strahlung wiederum, ob Energie- oder Partikel-Strahlung, ursächlich für die Evolution in den biologischen Lebens-Bereichen wirksam. Diese Strahlungsarten brachten die Vielfalt des biologischen Lebens mit hervor. Dazu kommt als Einfluss aber auch die terrestrische atomare Strahlung, die Evolution mit bewirken kann. Diese Strahlung ist aber über die Jahrmilliarden bis zur heutigen Zeit schon sehr weit abgeklungen.

**Das Leben der Biosphäre konnte sich Dank der Evolution, auch hervorgerufen durch Strahlung aller Arten, den laufend ändernden Lebensbedingungen anpassen.**

Bei den aus Materie bestehenden Partikeln sind die Fortbewegungs-Geschwindigkeiten aber sehr viel geringer und erreichen bei weitem nicht die Lichtgeschwindigkeit. Anders gesehen, Materie auf Lichtgeschwindigkeit zu beschleunigen, würde unendlich große Energiemengen erfordern und damit würde die Materie in Energie übergehen und somit zu einem Potential werden und zum Feld der Raum-Energie zurückgehen.

## 4.30 In Atomen gespeicherte Raum-Energie aus der Entstehungsphase der Atome wird auch wieder freigesetzt

Gamma-Strahlen sind von Atomvorgängen ausgehende hochfrequente Energiedruck-Schwankungen und wegen atomarer Vorgänge von Fusion oder Zerfall zum entsprechenden Teil freigesetzte Raum-Energie. Dieses ist die Kernfusion und weitere atomare Kern-Vorgänge an Umformung und Zerfall. In den Sonnen werden diese hochfrequenten Energie-Druckwellen aus der Kernfusion in den äußeren umgebenden Materie-Schichten in niederfrequente Licht- und Wärmestrahlungen transformiert und von der Oberfläche über das Feld der Raum-Energie in den Weltraum abgestrahlt. Somit geht gespeicherte Kern-Energie wieder an den Weltraum mit dessen Feld der Raum-Energie zurück, da diese Energie aus den Zentren der Galaxien der Materie mitgegeben wurde.

**Abgegebene Strahlung leitet sich ab aus dem Grundsatz, Energie geht nicht verloren, sondern geht zurück in das Feld der Raum-Energie. Wohin soll die Strahlungs-Energie denn sonst gehen und gespeichert werden, darauf hat bisher die Wissenschaft noch keine Antwort gegeben. Hier**

ist mit der Quastschen Energiefeld-Theorie eine Antwort gegeben.

Explodierende Sterne, auch als Supernovae bezeichnet, geben neben den Lichtblitzen auch hochenergetische Gamma-Blitze ab, die unter ungünstigen Umständen auch das Leben auf dem Planet Erde gefährden können, was wohl auch schon vorgekommen ist. Diese Blitze sind die ungebremsten und nicht abgeschirmten weiteren Fusions-Vorgänge in dem explodierenden Stern. Wegen fehlender Turbulenz und Gegendruck im Roten Riesen kommen plötzlich ungeheure Mengen an restlicher Materie zur Fusion. Die Schrumpfung des Sternes zu einem Neutronenstern oder Weißen Zwerg setzt in einem kurzen Zeitraum Strahlungs-Energie und alle Arten von Materie aus dem ausgebrannten Stern, überwiegend aus den gewaltigen Rotationsdrehzahlen bedingt, in zwei entgegengesetzte, stark gebündelten Strahlen frei. Die dabei entstehenden superstarken Magnetfelder beeinflussen auch die Strahlungsrichtungen, und es kommt zu den sichtbaren Formen der Supernovae.

Neben der Fusions-Energie kommt noch die Energie aus den Atomen selbst, die infolge des Druckes der Raum-Energie zu Energie und ionisierten Restpartikeln zerfallen und nur noch die Neutronen übrig bleiben und auf kleinstem Raum im Feld der Raum-Energie zu Neutronensternen zusammengedrängt werden. Den Neutronen fehlt die statische Ladung der Protonen, die sie auf Abstand halten könnte. Der Rest des explodierten Sternes hat sich somit zum Neutronen-Stern oder Quasar-System entwickelt, das hohe Rotationsgeschwindigkeit annehmen kann oder sogar Schwarze Löcher infolge seiner hohen Energiedichte darstellen kann. Aus diesen Schwarzen Löchern entkommt keine Licht-Strahlung, da infolge der Gravitations-Senke im Feld der Raum-Energie das Licht nicht entweichen kann, im inneren Kreis läuft, und das Objekt somit von außen her schwarz erscheint. Diese Objekte sind aber auch Quellen von starker Gamma- oder Radiostrahlung, die weniger stark von den Dichtegrenzen abgeschirmt werden. Interne Licht-Strahlung wird an den Dichtegrenzen des Potentialfeldes der Raum-Energie durch Totalreflexion im Kreis herum abgeleitet. Das Licht, von für uns dahinter liegenden Lichtquellen, wird über den Gravitationseinfluss auf das Feld der Raum-Energie vom geraden Weg abgelenkt und es ergeben sich, wie zuvor erwähnt, verzerrte Objekte.

Aus den Resten des explodierten Sternes oder auch kollidierter Sterne können sich wieder kleinere Sterne und Sternsysteme bilden. Sonnen entstehen aus den Plasma- und Wasserstoffresten und Planetensystemen aus der Asche des explodierten Altsternes, den höherwertigen Elementen. Diese Explosionen bilden auch Wirbel aus, die zum Beispiel auch die kinetische Rotationsenergie eines Planetensystems in seiner Akkretions-Ebene bereitstellen kann.

## 4.31 Zusammenhänge von Energie-Feld und elektrischen Feldern

Gibt es einen Zusammenhang von dem hier postulierten Raum-Energiefeld und dem uns bekannten elektromagnetischen Feld und dem elektrostatischen Feld? Ja, es gibt einen

Zusammenhang, weil es sich um Energiefelder handelt. Die elektrischen Felder werden durch energetische Potentialtrennung hervorgerufen, hier von sich bewegenden oder getrennten elektrostatisch nicht neutralisierten Atomteilchen wie Elektronen und Ionen. Diese Atomteilchen sind energetisch nicht ausgeglichen und haben somit ein energetisches Potential. Die Ladung der Teilchen ist zwar an Masseteilchen gebunden, stellt aber für sich nur eine Eigenschaft dar, ebenso wie auch das jeweilige Beharrungsvermögen einer Masse in Bezug zum Raum eine Eigenschaft ist.

Diese elektrischen Ladungen und deren Felder haben aber in sich keine Masse und verdrängen von daher keine Raum-Energie. Es gibt aber das Grundprinzip mit dem Bestreben zum Ausgleich der Energiepotentiale. Das ist im elektrischen Feld der Ausgleich zwischen Elektronen-Überschuss und Elektronen-Mangel und im Feld der Raum-Energie das Bestreben zum kleinsten energetischen Potential. Sind diese nicht ausgeglichen, gibt es Spannungen und Kräfte. Handelt es sich um Massen, gibt es die Gravitation. Handelt es sich um masselose Ladungen, gibt es elektrische Energiefelder, die diese Energie speichern. Die elektrischen Felder sind die Gegenkraft zu sich bewegenden oder voneinander entfernten Ladungen durch Energieeintrag. Somit können diese elektrischen Felder auch Energie speichern, austauschen, transformieren, induzieren und Energie übertragen. Der leitungsgebundene elektrische Strom ist auch eine Energieübertragung mittels Ladungsträger mit seinen vielfältigen praktischen Anwendungen aufgrund einer Potentialtrennung mit Energieeintrag. Die durch Luftturbulenzen schnell aufsteigenden, getrennten Ladungsträger der positiv geladenen Luftionen gleichen die eingebrachte Energie aus dem Energiepotential des elektrostatischen Feldes durch den Blitz zur negativ geladenen Erde hin aus. Von daher fließt der Elektronenstrom auch von der Erdoberfläche zur Wolke.

Die zu übertragende leitungsgebundene elektrische Energie hat einen Wirkanteil und einen Blindanteil. Der Wirkanteil stellt die nutzbare Energie dar und geht bei der Übertragung zum Teil am ohmschen Widerstand der Leitung und bei der praktischen Nutzung in Wärme über. Der Blindanteil geht durch die Rückwirkung von Feldaufbau und Feldabbau verloren. Der Stromfluss bei Wechselstrom hat über die ständigen Änderungen durch die Frequenz und Amplitude eine Feldrückwirkung, den Blindwiderstand zur Folge. Bei konstant fließendem Gleichstrom ist dieser Blindanteil nicht wirksam, das Feld ist aufgebaut. Somit haben die sich bewegenden Elektronen im elektrischen Leiter durch ihre Ladung, die eine Eigenschaft ist, eine Feld-Rückwirkung aus ihrer Bewegung bei Energieübertragung.

Im Vergleich zu den Verhältnissen im elektrischen Stromkreis, wo sich die Felder erst bei energetischen Vorgängen aufbauen, ist im Potentialfeld der Raum-Energie das Feld schon vorhanden. Wird nun Materie im Feld der Raum-Energie beschleunigt oder abgebremst, gibt es aus dem Beharrungsvermögen der Masse einen Widerstand gegen diese Veränderung zum vorherigen Energiepotential. Dieser Widerstand ermöglicht erst den Energieeintrag oder Energieentzug, und ist in sich somit eine Feld-Rückwirkung.

**Energetisch aufgeladene Massen verdrängen die Raum-Energie und bilden von daher das Beharrungsvermögen aus. Die Masse hat, vergleichbar zu den Elektronen und Ionen im elektrischen Feld, eine Feld-Rückwirkung bei Energieeintrag oder Energieentzug über das jeweilige Energiepotential im Feld der Raum-Energie zur Folge.**

Das kennt jeder Zweiradfahrer, wie stabilisierend die schneller werdende Fortbewegung der Masse durch Energieeintrag ist. Das gilt auch für Kreiselsysteme, bei denen sich durch Energieeintrag ein Beharrungsvermögen entwickelt. Dieser Trägheits-Widerstand kann auch als Blindwiderstand gegenüber Bewegungsänderungen bei Massen angesehen werden und wird bei Energieaustauch wirksam.

Ist eine Masse beschleunigt und befindet sich im Universum weit ab von Gravitationsfeldern der Sonnen und Planeten, hält sie ihre Geschwindigkeit und Richtung ohne weiteren Energieeintrag. Das gleiche gilt, wenn sich die schon beschleunigte Masse auf einer Äquipotential-Linie um größere Massen herum befindet, wie Planeten und Kometen um die Sonne und Monde um die Planeten. Das ist mit der Situation des Gleichstromes zu vergleichen, weil keine energetisch bedingte Potentialänderung stattfindet und somit keine Wechselwirkung zum Potentialfeld der Raum-Energie. Der Blindwiderstand bei Massenbeschleunigung ist erst wieder wirksam bei Energieeintrag oder Energieentzug.

# Kapitel 5: Allgemeine Ableitungen, Folgerungen und Erklärungen zu den Vorgängen zu dem uns einsehbaren Universum

Der Urknall findet in den Galaxien laufend statt, aus Energie wird Materie. Der Vorgang ist über sehr hohen Energiedruck oder Beschleunigung der Materie auf Lichtgeschwindigkeit oder Neutralisation mit der Antimaterie aus dem Antienergie-Universum zum Nichts reversibel. Der Zustand des Nichts ist zum Glück nicht stabil, die Zeit schreitet voran und es kann sich wieder etwas Neues entwickeln. Damit gibt es in dieser Theorie auch die Unendlichkeit!

Die allgemein veröffentlichte Variante vom Urknall beinhaltet die Entstehung der Materie auch nicht von Anfang an, erst ein paar Sekunden nach dem Urknall. Davor müsste es somit einen Zustand von reiner Energie gegeben haben. Es werden Berechnungen angegeben, die Materie mit der Eigenschaft der gegenseitigen Massen-Anziehungskraft voraussetzen, aber umgekehrt auch inflatorische Expansionen angenommen werden, die eigentlich eine gravitative Abstoßung der Urmaterie erfordern würde. Ungereimtheiten in den kosmologischen Berechnungen werden mit der Annahme von „Dunkler Materie" oder „Dunkler Energie" als Korrekturgrößen mit eingebunden. Im Grunde genommen, und von Albert Einstein auch berechnet, müsste es auch eine negative Gravitation, also eine gravitative Abstoßung geben. Woher sollte sonst die Ausdehnung nach dem Urknall erfolgt sein? Ebenso soll die für uns sichtbare Materie von Anfang an mit entstanden sein und sich in den **Raum des Nichts** ausgedehnt und zu dem uns sichtbaren, doch sehr fein und unterschiedlich strukturierten Gebilden der Galaxien und sonstigen Materieansammlungen, entwickelt haben. Das kann doch für alle denkenden und die Fotos der Astronomie offenen Auges sehenden Menschen so nicht der Aufbau des Universums gewesen sein. Hinzu kommt noch, welches Medium soll eigentlich diesen „Urknall" übertragen haben und wer soll ihn gehört haben?

Das ist von daher allgemein nicht zu akzeptieren, auch nicht zum Jahr der Astronomie 2009. Diese offensichtlichen Widersprüche haben auch mich schon seit Jahren veranlasst, weitergehende Überlegungen anzustellen und diese nach dem Jahr der Astronomie nun auch schriftlich aufzuzeichnen.

Die hier genannten Postulate sind von daher Grundlage, eine verbesserte und logisch begründete Ableitung und Sichtweise aufzustellen und wenn gegeben, mathematisch und mit Beweisen zu erhärten.

**Die Wissenschaft muss nach weiteren Erklärungen, als zu dem bisher Vorgegebenen, forschen!**

Die für die Menschen sichtbaren vielfältigen Strukturen und Varianten der Materie im Universum können doch nicht von einer einzigen chaotischen Explosion, dem Urknall, kommen. Unser heutiges Wissen um die Form der Zusammensetzung und Lebensdauer der Sterne und Nebelausbildung zeigen doch andere Tatsachen. Es muss eine kontinuierliche

Entwicklung der Entstehung der Galaxien geben, die sich zu unserer Zeit doch noch laufend in Weiterentwicklung befinden. Die vielfältigen Strukturen sind sichtbar und somit auch erklärbar und unterliegen einem langandauernden Entwicklungs- und Veränderungs-Prozess von Entstehung, Alterung, Untergang und Neuentstehung.

## 5.1 Wie entsteht eine Galaxie im Potentialfeld der Raum-Energie?

Soweit die Menschheit das Universum versteht und gedanklich darstellen kann, sind in großen räumlichen Abständen unsystematisch verteilt erheblich viele unterschiedliche Galaxien vorhanden. Diese Galaxien sind die Geburtsstätten der Materie in ihrer gesamten Vielfalt und Ausformung. In ihrem Inneren wird ein Teil vom umgebenden Energiefeld, der Raum-Energie, in Materie transformiert. Dabei bleibt die Gesamtbilanz der Energie erhalten, denn Materie ist somit nur eine andere Form von Raum-Energie. Materie ist kondensierte Raum-Energie und kann somit auch wieder zu Raum-Energie zurückgewandelt werden. Auch Albert Einstein setzte in seinen Theorien Energie mit Materie gleich, die durch ihre Wirkung mit Masse, Druck und Energie den Raum über die Raum-Zeit verzerren. Hinweis Quelle 3, Seite 318.

Im Inneren einer Galaxie, in den meisten Fällen dem Schwarzen Loch, wird wahrscheinlich in einem gewaltigen Wirbelsystem ein Unterdruck im Energiefeld erzeugt, der Energie zu Materie kondensieren lässt. Dieses Kondensat hat damit seinen Ursprung im Zentrum der Galaxie und trägt neben der Masse die hineingegebene Impuls-Energie und Kern-Energie mit sich. Vom Zentrum strömt die Materie in Form von Wasserstoffatomen und anderen Begleitteilchen in zwei gegensätzlichen Strahlen oder auch scheibenartig in den umgebenden Raum als Materie-Strahlung aus.

Das Wasserstoffatom entsteht durch Energieeintrag aus einer Potentialtrennung in das positiv geladene und vom Atomgewicht massebehaftete Proton und das weit weniger massebehaftete gleichwertig negativ geladene Elektron. Die Zwischenstufen der Umwandlung von Raum-Energie in Materie über Quarks und Co und die physikalischen Vorgänge in den Zentren von Galaxien, in denen die ausgeworfenen Materie-Teilchen entstehen, sind noch weitestgehend ungeklärt. Die bisherigen Ableitungen, wie ausgehend vom Urknall Materie entstanden sein könnte, sind in den verschiedensten Theorien aufgezeichnet. Das wären die Vorgänge, die im Inneren der Galaxien laufend stattfinden, wie aus dem Feld der Raum-Energie Materie entsteht. Hier gibt es die verschiedensten Erklärungsmodelle und könnten statt in den singulären Urknall in das Innere der verschiedensten und fast unzähligen Galaxien übertragen werden. In den Galaxien entsteht die uns bekannte Materie, der ursprüngliche Wasserstoff und dessen Isotope laufend neu, und wandeln sich durch Fusion in die unterschiedlichsten Elemente und bildet die Materie. Diese Materieansammlungen bilden dann die gewaltigen Systeme der Feuerräder und die Formen und Arten von Galaxien.

Nun wird bei diesen Urknall-Theorien auch die Entstehung von Antimaterie mit einbezogen, die dann aber irgendwie verschwindet und nicht weiter beachtet wird. Das ist bei der Quastschen Energiefeld-Theorie nicht der Fall. Hier gibt es gemäß dem Grundgesetz der Symmetrie ein eigenes Universum aus Antimaterie mit seinem Energiefeld aus Antienergie, wie in vorigen Kapiteln dargestellt.

Das Feuerrad-Modell stimmt mit dem Bild der Balkengalaxie überein. Der innerlich rotierende Unterdruck-Strudel (Schwarzes Loch) stößt zwei gegensätzliche Materie-Strahlen aus, die aber infolge der langsamen Rotation des äußeren Gesamtsystems nach außen hin einen Kreis im umgebenden Raum beschreiben. Der innere Strudel kann wesentlich höhere Rotations-Geschwindigkeiten haben, als das äußere Gesamtsystem. Es bilden sich die „Kondensstreifen" der aus den Zentren der Galaxien ausströmenden Materieteilchen. Die ausströmende Materie wird infolge von Clusterbildung verdichtet. Der ursprüngliche Wasserstoff und sonstiges Plasma kann sich bei den Ausstoß-Geschwindigkeiten zum Teil auch schon ohne eine Sonnenaktivität im inneren Bereich der Galaxie mit anderen Wasserstoff-Atomen und Plasma-Ionen zu Deuterium, Tritium und Helium und Lithium fusionieren. Das erklärt auch die starke diffuse Strahlung aus den inneren Bereichen der Galaxien. Das ist der Schneefalleffekt von kleinsten Flocken hin zu immer größeren Flocken auf dem Weg der Teilchen. Es finden Wegkollisionen statt, die erheblichen Einfluss auf die jeweilige Weg- und Flucht-Geschwindigkeit der Teilchen haben, weil Bewegungs-Energie abgegeben wird und die Teilchen langsamer werden. Es bilden sich Cluster aus.

Die Cluster werden damit immer größer und in ihrer Weggeschwindigkeit langsamer und streben aber infolge ihrer aus dem Zentrum mitgegebenen Impuls-Energie weiter nach außen. Sie finden sich mit der Verlangsamung durch Masseansammlung zu dem Schweif zusammen, der sich nur noch sehr langsam nach außen bewegt und somit einer Spiralform folgt. Der Schweif folgt, aber aus der weiteren Massen-Kumulierung auch etwas langsamer werdend, fortlaufend weiter in Richtung der Rotation des inneren Galaxienbalkens infolge der Anfangsgeschwindigkeit aus der Rotation des Zentrums und zusätzlich nach außen in den Raum aufgrund der Ausstoßgeschwindigkeit aus dem Zentrum der Galaxie und bildet somit die sichtbaren Spiralformen, die „Feuerräder" der Galaxien aus. Die Wege für die aus dem Zentrum der Galaxie ausgestoßenen Materieteilchen werden in den äußeren Bereichen der Schweife immer länger, als die Wege der inneren Schweife aus dem Galaxie-Zentrum, denn die Anfangs-Geschwindigkeit bleibt ja gleich, solange noch keine Kollisionen stattgefunden haben. Von daher gibt es immer ein Gemisch aus schnelleren und langsameren Masseansammlungen. Da aus dem Zentrum der Galaxie zwei entgegengesetzte Materie-Strahlen in der Ebene der Galaxie ausgestoßen werden, bilden sich im Allgemeinen zwei aufgewickelte Schweife aus. Es gibt aber auch andere Formen.

Nachdem sich das Balkenzentrum in seiner Rotation in der Galaxien-Ebene einmal um die eigene Achse gedreht hat, ist der vorherige ältere Schweif schon wesentlich weiter in den Raum gewandert mit der immer kleiner werdenden Fluchtgeschwindigkeit und Folgegeschwindigkeit aus der Rotation zu dem Anfangsstrahl des Zentrums. So wird in dem inneren Zwischenraum die Spirale auf der inneren Bahn weiter gebildet.

Die aus dem Zentrum der Galaxie zu zwei Seiten hin ausgestoßenen Materiestrahlen überholen nun auch die einhalb, eine oder zwei Rotationen zuvor ausgestoßenen Galaxienschweife, in den sich schon Sonnen bilden konnten. Die nicht im inneren Kumulations-Streifen abgefangenen Materieteilchen stoßen somit nach einiger Zeit auch in die älteren äußeren Schweife vor und zerstören schon gebildete Sonnen oder füllen noch nicht mit Kernfusion gezündete Bereiche hochenergetisch auf, so dass auch erstmals Sonnen zünden können. Diese Clusterbildungen sind in den Fotos verschiedenster Galaxien ersichtlich. Im jungen Schweif sind die Cluster noch klein, werden aber in älteren Teilen des Schweifes immer größer und bilden örtlich verteilt erhebliche Konzentrations-Kerne bis hin in die ältesten Teile der Schweife im äußersten Rand. Es bilden sich dort somit immer wieder aufs Neue Sonnen.

Die aus dem Zentrum ausgestoßenen Materieströme, die nicht in den inneren Teilen der Schweife abgefangen werden, strömen weiter hinaus in schon in der Rotation des Zentrums überholte ältere Teile der Galaxienarme. Dabei wird die bereits kumulierte Materie, zum Teil schon gezündete Sonnen, erheblich aufgemischt. Das hat kosmische Katastrophen in den jeweiligen Bereichen zur Folge. Sonnen werden zerstört oder auch neu gebildet. Dazu sind in dem Stadium keine Supernova-Explosionen erforderlich, sondern eher Wegkollisionen und instabile Sonnen aus Überschuss an eingesammelter Materie und schnelle Materieströme aus dem Zentrum der Galaxie. Die näheren Zentren um das Schwarze Loch der Galaxien herum und die jungen Schweife der Galaxien sind gewaltige Quellen von intensiver Strahlung. Diese Bereiche sind die Geburtsstätten von höherwertiger Materie und nicht der Urknall.

Galaktischer Staub, bestehend aus in den Vorsonnen erbrüteten höherwertigen Elementen, bildet lange Schweife innerhalb und zwischen den Spiralarmen. Es bilden sich aufgrund der sehr schnellen und noch nicht kollidierten Materieströme aus dem Zentrum der Galaxie zusätzliche Zwischenarme. Sonnen werden wieder zerstört und neu gebildet. Diese Staubwolken entstehen in gewaltigen Mengen und dringen in andere Bereiche der Spiralarme vor, die dann die vielfältigsten Staubwolken in den Galaxien ausfüllen. Es gibt dafür genügend Beispiele in unserer Galaxie vom Adlernebel bis zum Pferdekopf-Nebel, die aus gewaltigen Materieansammlungen bestehen und Stoff für neue Sterne und somit auch Sonnensysteme mit Planeten bereitstellen.

In den Lichtbildern der Galaxien, zum Beispiel M51, sind diese aus den Galaxien-Schweifen nach außen gekrümmt gerichteten Wolkenbildungen aus Materie als Schleier verschiedenster Formen zu sehen. Diese Kollisionen der Materiestrahlen aus dem Zentrum der Galaxien mit der schon kumulierten älteren Materie ergibt auch die Streuung der Materiestrahlung in die Dicke der Galaxie, die ja gewaltige Räume ausfüllen. Diese Staubschichten enthalten wesentlich mehr Materie als die aktuell gezündeten Sonnen und ermöglichen aber auch in den älteren, außenliegenden Schweif-Teilen immer aufs Neue die Zündung von Sonnen.

**In einem außenliegenden Schweif unserer Galaxie, der Milchstraße, ist unser Sonnensystem selbst ein winzig kleiner Teil davon. Unser Sonnensystem stammt mit seinem gesamten Energiepotential letztendlich aus dem Zentrum unserer Galaxie.**

Diese Vorgänge können auch die Entstehung unseres Sonnensystems hervorgebracht haben, denn das Sonnensystem liegt innerhalb der noch jüngeren Teile der Schweife und hat wohl erst zwei Rotationen aus dem Zentrum der Milchstraße miterlebt und somit drei oder vier Bestrahlungen aus dem Materiestrom aus dem Zentrum der Milchstraße. Mit diesen, für unser Sonnensystem durch inzwischen vorgelagerte interstellare Staubwolken geschwächten Materieströme, sind erhebliche Rückwirkungen verbunden. Aus dem Zentrum könnte Wasserstoff und in geringerem Maße auch Helium und Lithium auf die Erde gelangt sein. Der Partikel-Strom von ionisierten Gasanteilen wird überwiegend vom Magnetfeld der Sonnen und Planeten eingefangen und auch über lineare Kollision und Gravitation. Das kann auch die Gasplaneten, wie Jupiter, Saturn und Uranus aufgebläht haben. Ein Modell unserer Milchstraße mit der möglichen Position unseres Sonnensystems ist unter Quelle 11 aufgezeigt.

Durch sporadische Partikel-Ströme aus dem Zentrum unserer Galaxie, vorwiegend ionisierte Wasserstoffatome, wurde auch die Sonnenaktivität verändert und wohl auch verstärkt. Einträge von Wasserstoff in die Erdatmosphäre hatten auch Knallgas-Explosionen aus der Reaktion mit dem Sauerstoff und der Bildung von Wasser sowie Methanbildung in Zusammenhang über Wasserstoff mit $CO_2$ – Reaktionen aus der Atmosphäre zur Folge. Diese Vorgänge waren insbesondere bei den Strahldurchgängen vor drei und zwei Milliarden von Jahren aus der Milchstraße für die Entstehung des Wassers, neben den Kometeneinschlägen, wohl eine Ursache. Spätere Strahldurchgänge vor etwa 300 Millionen Jahren reduzierten den Sauerstoff in der Erdatmosphäre derart, dass biologisches Leben abstarb und sich unter Sauerstoffmangel ablagerte und mit zur Entstehung von Kohle- und Erdölablagerungen aus dieser Urzeit beitrug. Die erforschten lebensfeindlichen Veränderungen im Erdzeitalter zwischen Karbon und Perm wären damit in Zusammenhang zu bringen.

Es gibt Galaxien, die noch nicht einmal eine Rotation des Balkenzentrums abgeschlossen haben und solche, die schon die zweite und dritte Rotation zurückgelegt haben. Es wurden gewaltige Spiralen ausgebildet, wie unsere Milchstraße. Das hängt aber auch mit der jeweiligen Drehgeschwindigkeit des Balkens im Zentrum der Galaxie zusammen. Manche haben kaum einen Eigendrehimpuls ausgebildet oder taumeln und bilden gewindeartig gestufte Schweife aus, andere drehen schneller und andere haben kaum einen inneren Drehimpuls oder ihr Zentrum strahlt die Materie scheibenförmig aus.

Es bilden sich auch außerhalb der Rotationsebene Masseansammlungen aus, die eine Art Materie-Nebel um das Zentrum der Galaxie bilden, aber in der Materie-Dichte viel geringer sind als in den Schweifen. Diese Wegabweichungen bilden sich ebenfalls aus Kollisionen der Materieteilchen und bilden auch größere Masseansammlungen bis hin zu gezündeten Sonnen. Die Wegabweichungen ergeben sich aus Kollisionen und gravitativer Umlenkung mit vorhandener Materie mit Einfallswinkel gleich Ausfallswinkel, die somit die Rotationsebene verlassen und die „nebelartige" Umgebung der Zentren hervorrufen. Dadurch können auch Kugelhaufen und Nebengalaxien entstehen, die oft außerhalb der Rotationsebene positioniert sind, und über einen längeren Zeitraum aus einem durch große Masseansammlungen abgelenkten Partikel-Strahl aus dem Zentrum der Galaxie entstehen könnten. Innerhalb der recht durchsichtigen Kugelhaufen sind galaktische Staubansammlungen in die Objekte integriert oder ansonsten durch den Strahlungsdruck der vielen eng versammelten Sonnen mit ihrer Energie- und Materiestrahlung ausgegrenzt.

Es gibt somit noch viele andere Formen von Galaxien bis hin zu Eiformen, die auch Raum-Energie in Materie umwandeln und solche, die keine Schweife ausbilden, weil sie unsystematisch rotieren und es nicht zu Kumulierungen von Materie kommt und nur Dichtegrenzen im Universum ausbilden, den sogenannten Schwarzen Löchern.

Diese unsichtbaren oder durchsichtigen Galaxien erscheinen dann aber als Gravitationslinsen, wie zum Beispiel im Bereich des Galaxienhaufens Abell 2218 sowie Abell 383, und bilden in ihrer Nähe Bereiche mit unterschiedlichem Energiedruck der Raum-Energie aus, an deren Druckgrenzen Reflexionen von Licht und anderen hochenergetischen

Strahlungen stattfinden können. Es bilden sich Linsen-Effekte aus. Die üblichen Galaxie-Zentren haben auch diese Eigenschaften, nur wird alle sie durchdringende Strahlung aus anderen Quellen infolge ihrer dichten interstellaren Materieansammlungen verschluckt und abgeschirmt. Somit können wir dahinter liegende Objekte nicht über ihre Strahlung alle Arten erkennen.

## 5.2 Im dem uns bekannten Universum entstanden schon unzählige Galaxien

Das jeweilige Alter der Galaxie spielt auch eine Rolle, denn es ist anzunehmen, dass laufend neue Galaxien-Zentren entstehen, die durch einen irgendwie gestalteten Impuls, vielleicht einem Gamma-Strahl eines explodierenden Sternes aus einer anderen Galaxie, im Feld der Raum-Energie gezündet werden. An den Stellen müsste das Potentialfeld der Raum-Energie eine Schichtung mit unterschiedlichen Energiedruck-Bereichen haben, damit sich ein Ausgleichs-Strudel für die Energie zwischen Bereichen mit unterschiedlichem Druck oder auch Potential im Potentialfeld der Raum-Energie entwickeln kann.

Die Galaxien und andere Objekte, an denen Raum-Energie in Materie umgewandelt wird, sind im uns bekannten Universum weiträumig ungeordnet verteilt und haben dazu auch jeweils noch eine Eigenbewegung im Gesamtsystem und somit in dem Universum. Die Eigenbewegung der Galaxien ist auch eine Bewegung des Feldes der Raum-Energie für sich und damit auch bei Expansion des Universums. Die

Materie wird dabei ohne Energieeintrag mitgerissen, wenn sich das Energiefeld in sich aufspannt, ähnlich wie Massen auf Äquipotential-Linien umeinander herum, wenn die Hauptmasse einen Wegimpuls in sich hat, zum Beispiel das System Erde / Mond / Sonne / Milchstraße.

Die Anzahl in dem für die Menschheit sichtbaren Universum geht in die 100 Milliarden Galaxien-Systeme. Es kommt auch zu Kollisionen, die aber nur eine Durchdringung zur Folge haben. Es gibt dabei keine sogenannte Massenanziehung der Massen, sondern nur Wegekollisionen mit Austausch der Impuls-Energie bei den jeweiligen Masse-Objekten und gravitative Wegumlenkungen infolge der jeweiligen hohen Vorbeiflug-Geschwindigkeiten. Die Objekte haben keinen eigenen Bezug zu einem gemeinsamen Entstehungsort und somit keine Gravitation in der Gesamtheit. So kommen die kollidierten Galaxien in ihrer vorherigen Form und Struktur nur wenig verändert auf der anderen Seite wieder heraus.

Es finden aber eine Unzahl von Weg-Kollisionen statt, die die jeweilige Impulsenergie mit den kollidierten Objekten austauschen und sich entweder zu größeren Objekten durch Adhäsion vereinigen oder auch durch gravitative Umlenkbeziehungen wie Billardbälle in alle Richtungen auf neue Bewegungsbahnen gelenkt werden. Somit sind die Galaxien nach der Durchdringung vom intergalaktischen Staub gesäubert und sehen in ihrer Grundstruktur erhalten und aufgeräumt aus.

Gäbe es die sogenannte Massenanziehungskraft der Materie untereinander, würden sich ganz andere Verschmelzungen ereignen, eigentlich fast bis zur Verklumpung zu immer größeren Objekten, eigentlich des gesamten Systems. Das ist aber sichtbar nicht der Fall! Deshalb hatte Albert Einstein auch eine kosmologische Konstante in seine Gravitations-Gesetze eingearbeitet, um das konstante Universum zu ermöglichen. Nach der Energiefeld-Theorie sind diese Konstanten nicht erforderlich und es werden nur die energetischen Unterschiede ausgetauscht, die aber verhältnismäßig gering sind, weil sich die Galaxien im gleichen Potentialfeld der Raum-Energie befinden und nur ihre kinetische Energien aufgrund Eigengeschwindigkeit und Strahlung miteinander austauschen.

Die zusammenstoßenden Galaxien haben von ihren Zentren her bezüglich ihres Geburtsortes keinen großen energetischen Potentialfeld-Unterschied im Feld der Raum-Energie, und es bilden sich somit keine erheblichen Gravitationen aus, somit auch nicht zwischen den einzelnen Materieobjekten der sich durchdringenden Galaxien. Besondere wirre Verhältnisse ergeben sich aber, wenn sich die Schwarzen Löcher der kollidierenden Galaxien auf ihrem Weg durchdringen und vereinen müssten. Aber auch das ist möglich und bietet eine Verstärkung zum Ausgleich der Druckverhältnisse im Bereich der Raum-Energie Schichten.

**Materie hat gegenüber seinem Entstehungspunkt (Geburtsort) eine vielfältige kinetische Energie und atomgebundene Energie mitbekommen. Die Impuls-Energie summiert sich zusammen, wenn Clusterbildung durch Adhäsion oder Wegkollision der Materie erfolgt. Die Objekte bilden ihr eigenes Summen-Energiepotential und**

somit ihre Gravitations-Beziehung relativ zum Raum je nach Inertialsystem untereinander aus.

Von daher hat Materie aus einer Galaxie keinen Bezug zur Materie aus einer anderen Galaxie, weil sie kein gemeinsames Energiepotential und damit keine Gravitations-Beziehung haben. Das ändert sich aber, wenn bei Kollisionen von Galaxien die kinetischen Energien der auf ihrem Weg kollidierenden Materie ausgetauscht werden. Erst dann bilden sich gemeinsame Gravitations-Beziehungen aus. Aufgrund der großen Abstände der Materie im Raum kollidieren nur wenige Groß-Objekte wirklich und gehen gemeinsam neue Wege. Die Wege sind auch bestimmt durch die Strömung der Raum-Energiefelder aufgrund der Expansion und Schichtung des Universums.

## 5.3 Wie entstehen Sonnen bzw. leuchtende Sterne in den Schweifen der Galaxien?

Über die durch Impuls-Energie bestimmten Flugstrecken im Raum kollidieren die Atome und Ionen auf ihrem Weg miteinander, werden damit durch Abgabe der Impuls-Energie langsamer und nehmen immer mehr Teilchenströme bei zunehmendem Volumen aus dem Strahlstrom auf und bilden Cluster durch Adhäsion. Diese Gebilde ziehen sich unter dem Zwang im Feld der Raum-Energie zu immer kompakteren Gebilden kugelförmig zusammen. Das Zusammenziehen hat aber den Pirouetten-Effekt zur Folge, der eine Rotation zu immer höheren Drehzahlen zur Folge hat. Da es sich bei den kumulierten Teilchen um Plasma handelt, haben die Rotationen sehr starke Magnetfelder und auch elektrostatische Felder zur Folge, die weitere Teilchen direkt in die Masseansammlung hineinziehen, siehe Polarlicht-Effekte. Daraus bilden sich dann die ersten Sonnen-Systeme, die immer größer werden.

Die kompakten Massenansammlungen haben Rückwirkungen auf die Raum-Energie. Das Potentialfeld der Raum-Energie wird durch diese Gravitations-Senken verzerrt, was eine Massenanziehungs-Kraft simuliert. Es ist aber nicht eine Massenanziehungs-Kraft, die hier wirkt, sondern das Bestreben der Materie den kleinsten energetischen Raum im Beziehungssystem einzunehmen. Hier wirkt der Potential-Druck der Raum-Energie auf die Massen, die das Potentialfeld der Raum-Energie trichterförmig verzerren und Materie einsammeln.

Wenn diese Materieansammlungen aus Plasma und Wasserstoff groß genug sind, setzt wiederum unter dem hohen Druck der Materie auf die inneren Schichten in einer Schicht die Kernfusion ein, und eine Sonne ist gezündet.

**Bei der Kernfusion verschmelzen vier Wasserstroff-Atome zu einem Helium-Atom. Das Helium-Atom nimmt aber weniger Raum ein, als die zur Kernfusion erforderlichen vier Wasserstroff-Atome. Zwei Protonen werden zu Neutronen, dabei wird auch Energie und Masse abgegeben und in Raum-Energie zurück transformiert. Das neu entstandene Helium-Atom verdrängt somit weniger Raum-Energie und es wird bei der Kernfusion Energie abgeben.**

**Bei der Kernfusion wird Raum-Energie freigesetzt, die Grundlage der Sonnenstrahlung!**

Diese Energie wird nach Frequenz-Transformation der bei der Fusion entstehenden hochenergetischen Strahlung (Gammastrahlung) durch die umgebende, unter hohem Druck stehende Materieschicht überwiegend in Form von Licht- und Wärme-Strahlung von der Oberfläche der Sonne abgestrahlt. Die Strahlung wird durch Energie-Druckwellen in den umliegenden Raum abgegeben. Hinzu kommt noch ein erheblicher Anteil an Partikel-Auswurf in Form von Plasma, dem sogenannten Sonnenwind. Bei der Sternenexplosion, einer Supernovae-Explosion, entsteht auch ein Gammastrahlen-Blitz, der aus den inneren Fusions-Schichten des Sternes stammt und somit sofort freigesetzt wird. Energie wird wieder an den Raum zurückgegeben, übrig bleibt die Asche aus dem Inneren des Sternes. Diese Asche beinhaltet Materie aus der gesamten Elementen-Reihe, aus denen sich wiederum Planeten, wie unser Planet Erde, bilden können.

**Gravitation ist das Energiepotential mit dem Bestreben, den kleinsten Raum einzunehmen.**

Materie hat in sich selbst ihr Energie-Potential durch Impuls-Energie, der kinetischen Energie. Die Massenanziehung der Materie gegeneinander ist nicht erforderlich, um die vorhandenen Gebilde und Konstellationen hervorzubringen. Es reichen zunächst Weg-Kollisionen und bei größeren Masseansammlungen auch Gravitations-Effekte durch die trichterförmige Verzerrung des Potentialfeldes der Raum-

Energie sowie Magnetfeld-Systeme, um Kumulierung zu noch größerer Massen hervorzubringen. Der Potential-Druck der Raum-Energie sorgt dafür, dass diese Gebilde gezwungen werden, in Summe den kleinsten energetischen Raum einzunehmen, möglichst die Kugelform. Dazu sind aber sehr große Masseansammlungen erforderlich, die auch in der Lage sind, das Feld der Raum-Energie im entsprechenden Sinne zu verzerren.

**Bei Kumulierung der Materie muss die Gesamtsumme in ihrer Einheit weniger Raum-Energie verdrängen, als in dem Zustand der Einzelobjekte. Materie wird sozusagen ausgefällt. Das ist schon mit der Adhäsion von Materie gegeben. Die nächsthöhere Stufe der Raum-Freigabe ist die chemische Verbindung und die Fusion von Materie.**

Als indirektes Beispiel sind sich anziehende Magnete zu nennen, deren Magnetfeld bei Kontakt der Gegenpole das räumlich kleinste Gesamtpotential anstrebt. Um sie auseinanderzubringen, muss wieder Energie über Kraft mal Weg eingebracht werden.

Als indirektes Beispiel ist das physikalische Bestreben, den möglichst kleinsten Raum einzunehmen, vergleichbar mit einem Wassertropfen unter dem Einfluss des Luftdrucks, auch zu sehen im schwerelosen Zustand in einer auf Wohntemperatur beheizten Raumstation. Der Wassertropfen hat eine Art Oberflächenspannung, die ihn zur Kugelform zwingt und dabei auch vielfältige Kugelschwingungen ausführen lässt und weitere Tropfen durch Adhäsion integrieren kann. Ähnliche Vorgänge sind symbolisch auch auf den Atomkern zu übertragen, der fusionieren und in allen möglichen Frequenzbändern schwingen kann.

Wird der Luftdruck zum Vakuum hin abgesenkt, zerstiebt der Wassertropfen durch die temperaturbedingte Molekular-Bewegung in seine Moleküle auseinander und bildet sich bei Wiederaufbau des Luftdruckes ohne Kondensationskern so schnell nicht von Neuem. Ist die Temperatur bei Wasser unter dem Gefrierpunkt von Null Grad Celsius abgesenkt, bilden sich bekanntlich Eis-Kristalle. Ähnliche Vorgänge sind auch auf die Materie im Feld der Raum-Energie sinngemäß zu übertragen.

Das Bild der Kugelschwingung oder in die Fläche projiziert, das Schwingen einer angeschlagenen Glocke, wäre auch ein Beispiel dafür, wie Atomkerne im Potentialfeld der Raum-Energie schwingen können und damit Energie durch Strahlung aufnehmen und auch wieder abgeben können. Die Strahlung wird als ein Frequenzgemisch isotrop und kugelförmig ausgestrahlt. An der Strahlung wirkt immer eine Unzahl von Atomen mit, so dass ein isotropes Verhalten gegeben ist und monochromatisches Richtungsverhalten nur in sehr begrenzten Fällen bei Kristallstruktur, z. B. beim Laser oder LED vorkommen kann.

**Materie ist mit einem jeweils individuellen Energiepotential behaftet. Die kinetischen Energiepotentiale aus verschiedenen Objekten summieren oder verringern sich, je nach Energieeintrag. Das Energiepotential der zusammenhängenden oder in Beziehung stehenden Materie ist eine individuelle Eigenschaft, ein Energie-Potential in Bezug zu anderen Materieansammlungen in einem Inertialsystem.**

Die Materie in einer Galaxie hat ihre Impuls-Energie im Bezug zu seinem Entstehungs-Zentrum, dem Geburtsort. Die Materie innerhalb einer Galaxie, die sich zu Sonnen zusammengefunden hat, hat wiederum keine Energie-Potentiale gegenüber gleichartig entstandenen Sonnen, sondern nur aus der Differenz zum gemeinsamen Entstehungsort. Es gibt somit keine sogenannte Massenanziehungskraft zwischen den selbständig entstandenen Objekten, außer dem individuell zugehörigen Potentialunterschied, dem mitgegebenen Energie-Potential, gegenüber dem Entstehungsort. Somit haben wiederum Objekte, die ihren Entstehungsort in einer Sonne oder dem gemeinsamen Vorobjekt haben, auch nur wesentliche Impuls-Energie gegenüber diesen Entstehungs-Zentren.

**Daraus folgt: Gravitation ist ein individuelles Energiepotential der Materie.**
**Die Massenanziehung zwischen Materiegebilden in der allgemein eingeführten Newtonschen Form gibt es demzufolge so nicht! Die Gravitation wirkt nur über die trichterförmige Verzerrung des Potentialfeldes aufgrund größerer Massensammlungen in seiner näheren Umgebung. Dadurch ergeben sich Äquipotential-Linien, die energetisch aufgeladen sind und somit bewegten Massen eine Potential-Bahn vorgeben.**

## 5.4 Energiepotentiale im Umfeld unseres Planeten Erde

Ein in die Umlaufbahn um die Erde geschossener Satellit hat seine Impuls-Energie und sein Energie-Potential gegenüber der Erde durch den Energieeintrag aus dem Raketenantrieb erfahren. Das Energiepotential ist der Masse aller im Objekt zusammenhängenden Atome, die von der Erdoberfläche stammen, über die Anhebung durch Energieeintrag auf das Bahnniveau und durch den Querimpuls parallel zur Erdoberfläche in eine Umlaufbahn mitgegeben. Daraus ergibt sich eine elliptische, annähernd kreisrunde Bahn. Da der Planet Erde rund ist, folgt die Bahn des Satelliten zwangsläufig der Form der Erdoberfläche oder genauer gesagt, in einem konstanten Abstand zum energetischen Schwerpunkt, der Äquipotential-Ebene. Solange keine weiteren Energieimpulse das Höhenniveau durch die mitgegebene Eigengeschwindigkeit beeinflussen, bleibt das Energiepotential und damit die Flugbahn konstant.

Fliehkraft aus der Eigengeschwindigkeit auf der gekrümmten Flugbahn und Gewichtskraft, die den Zwang des Rückfalls zum kleinsten Energieniveau ausübt, heben sich auf. Das ist der Zustand der Schwerelosigkeit, der sich aber in der Quastschen Energiefeld-Theorie somit nicht als Massenanziehungs-Kraft darstellt, sondern als durch die Fliehkraft kompensiertes Energiepotential.

Die Höhe der Umlaufbahn und die Umlaufgeschwindigkeit sind durch den Energieimpuls auf die Masse des Satelliten bestimmt. Die Höhe wird nun gehalten, weil kein weiterer Energieeintrag oder Energieabgabe erfolgt. Das Gesamtsystem stellt sich auf den kleinsten Raumbedarf ein, das ist die angenäherte runde Kreisbahn. In der Flug-Bahn sind elliptische oder schraubenförmige schwingende Bahnen mit ihren Brennpunkten eher stabil in ihrer Lage als reine Kreisbahnen. Reine Kreisbahnen sind in der Lage unbestimmt und von daher unstabil, was auch schon Newton erkannt hatte. Durch die Kreisbahn ergibt sich aber auch eine Fliehkraft aus der Kreisbeschleunigung, die der Gewichts-Kraft aus dem Energiepotential entgegenwirkt. Die physikalischen Grundlagen der Fliehkraft sind aus dem Karussell-Betrieb als Zentrifugalkraft bekannt. Die laufende Richtungsänderung in einer erzwungenen Kreisbahn simuliert eine Kraft, die aus der Richtungsänderung bezogen auf die Masse und Eigengeschwindigkeit eine Fliehkraft darstellt. Das ist die Kreisbeschleunigung.

Innerhalb des Satelliten stellt sich dadurch die Schwerelosigkeit ein, da sich die Kräfte, das kleinste Energiepotential im Raum anzustreben, und die Fliehkraft aus der Richtungsänderung auf einer Kreisbahn ausgleichen, sich gegenseitig aufheben. Nachträglich auf genau die gleiche Flugbahn gebrachte Satelliten ziehen sich dort nicht an und würden auch bei kleinen Abständen keine Massenanziehungskraft ausbilden und zusammenkleben, es sei denn, die atomaren Adhäsionskräfte kommen zum Tragen. Das ist z.B. zwischen dem Raumlabor der ISS und einer anfliegenden Versorgungsstation festzustellen, sie ziehen sich gegenseitig nicht an wie z.B. zwei gegenpolige Magnetpole oder wie eine angehobene Last, die es zum Energieausgleich zur Erde hin zieht. Eine sehr kleine Anziehungskraft könnte höchstens aus der unterschiedlichen elektrostatischen Ladung bezüglich Elektronenüberschuss und Elektronenmangel kommen. Das Energiepotential der Satelliten in Bezug zur Erde ist für beide gleich. Sie kommen nur über die unterschiedliche Bahngeschwindigkeit zusammen, was eine Steuerbarkeit der Bahnparameter voraussetzt.

Bei Energie-Entzug der Impuls-Energie von Satelliten durch Abbremsung wird die Umlaufbahn im Durchmesser immer kleiner, bis die Abbremsung durch Eintritt in die Atmosphäre und Brems-Reibung an den Luftpartikeln die Rückkehr oder Zerstörung einleiten. Die einmal eingebrachte Energie wird wieder zurück geführt und in Wärmeenergie umgewandelt.

## 5.5 Die Gravitation der Erde in Beziehung zur Sonne und dem Mond

Unser Planet Erde hat aufgrund seiner eigenen Impuls-Energie eine Umlaufbahn gegenüber der Sonne und aufgrund seiner Kreisbeschleunigung (Fliehkraft) auch für all seine Materie inklusive dem Mond die Schwerelosigkeit gegenüber der Sonne. Der Mond hat seine Impuls-Energie gegenüber der Erde und beide zusammen ihr Energie-Potential gegenüber der Sonne. Diese Gravitations-Beziehungen gelten auch für alle anderen Objekte aus unserem Sonnensystem.

**Ebbe, Flut und Erdabflachung sind Ausgleichskräfte aus dem Energiepotential:**

Das Beharrungsverhalten ist das physikalische Bestreben, das Energieniveau konstant zu halten und wenn möglich auszugleichen. Jedem fremden Energieeintrag wird eine Ausgleichskraft, die Trägheit der Masse, entgegengesetzt. Somit kann beschleunigte Masse Energie aufnehmen oder bei Abbremsung auch wieder abgeben.

Da die gemeinsamen Schwerpunkte, in denen das Energiepotential des Gesamtsystems ausgeglichen ist, nicht mit dem jeweiligen geometrischen Schwerpunkt der Einzelmassen übereinstimmt, gibt es, wenn möglich, Ausgleich vom Energiepotential und Fliehkraft. Bei flüssiger und gasförmiger Materie, wie Wasser und Luft, ergeben sich durch Reibungsverluste zeitverzögerte Strömungen zu Ebbetälern und Flutbergen, die um die Erde herum versuchen, das Energiepotential konstant zu halten oder nach Möglichkeit auszugleichen. Somit ergeben sich bei der Flut zwei gegenüber dem Schwerpunkt des Rotations-System mit der Erddrehung umlaufenden Wasserberge. Ein dem Mond zugewandter Wellenberg versucht das Energiepotential auszugleichen, da der Masse-Schwerpunkt der Erde abweicht gegenüber dem gemeinsamen energetischen Schwerpunkt aus dem System Erde zu Mond. Ein dem gemeinsamen energetischen Schwerpunkt der Achse Erde zu Mond gegenüberliegender Wellenberg bildet sich aufgrund der Fliehkraft aus der Rotation um den gemeinsamen energetischen Schwerpunkt des Systems Erde zu Mond. Da das Energiepotential gegenüber der Sonne auch mit einwirkt, ergeben sich durch diese zusätzlichen Kräfte je nach Konstellation auch Springfluten. Der Auslöser ist die unterschiedliche Erdbeschleunigung „g" und damit das Energiepotential der Masse von Wasser und Luft in Bezug auf den jeweiligen Ort in Abstand zum energetischen Schwerpunkt des Erdballes. Dazu überlagert sich das Energiepotential aus der Fluchtgeschwindigkeit bezüglich der Bahnkrümmung der Erdbahn um die Sonne. Auch die Satelliten-Bahnen in der Ekliptik Erde zu Mond werden durch diese verzerrten Äquipotential-Linien eiförmig. Die eiförmige Verzerrung der Umlaufbahn der Satteliten folgt der Umlaufposition des Mondes und folgt somit einer Perihel-Bahn, vergleichbar zur Umlaufbahn des Merkur um die Sonne aufgrund der Gravitation aus dem wandernden, gemeinsamen energetischen Schwerpunkt der äußeren Planeten des Sonnensystems.

Die Abflachung des halbflüssigen Planeten Erde stammt aus dem kinetischen Energieimpuls der Eigenrotation. Die Fliehkraft aufgrund der Erddrehung wirkt den Bestrebungen der Materie, den kleinsten Raum, die Kugelform, im Feld der Raum-Energie einzunehmen, entgegen. Hierdurch entsteht aber auch innere Reibung der Materie und somit Energieentzug, was Rückwirkungen auf die Rotations-Energie langfristig zur Folge hat, denn die Erde dreht sich bekanntlich immer langsamer. Rotations-Energie wird in Reibung und somit auch in Wärme-Energie transformiert.

Andererseits wird der Mond durch die Wechselbeziehungen der Energiepotentiale mit den auf der Erde durch Reibung behinderten Wasser- und Luftströmungen, und infolge der schnelleren Erddrehung gegenüber der Mondumlaufgeschwindigkeit, sogar noch in seiner Bahngeschwindigkeit angetrieben. Somit entfernt sich der Mond immer weiter von der Erde, heutzutage ca. 4 cm je Jahr.

**Das Erdmagnetfeld kann kippen:**

Aber auch im Erdinneren tut sich so einiges. Es ist anzunehmen, dass sich der innere massereiche flüssige Teil des Erdkernes, der wohl aus positiv geladenen Eisenionen besteht, schneller dreht, als die restliche flüssige Masse in

Richtung Erdoberfläche und letztendlich gegenüber dem festen Erdmantel. Die Energie für den Drehimpuls stammt noch aus der Entstehungsgeschichte des Planeten Erde. Der rotierende Eisenkern sorgt für ein stabiles Erd-Magnetfeld, das Partikel-Strahlung aus dem Weltraum ablenkt, aber auch energetisch abgeschwächte Teilchen einsammelt. Aber es gab auch Vorgänge, in denen sich das Magnetfeld in der Polrichtung schon mehrfach umgedreht hat. Hinweis Wikipedia: Erdmagnetfeld. Diese Möglichkeit besteht durchaus, auch ohne wesentlichen Energieeintrag. Der in dem flüssigen Magma rotierende Erdkern kann einfach senkrecht zu seiner Drehachse, also um die Ost-Westachse in Höhe des Äquators umkippen. Diese Erscheinung ist am Gyrotwister oder Spin-Ball nachweisbar. Durch eine Reibungs-Störung, hier ein leichtes Kippen des Spin-Balls, wechselt dieser die interne Achsausrichtung und somit auch die Drehrichtung durch eigenen inneren Antrieb, auch bei kleinen Drehzahlen. Es sind somit Vorgänge im Atom-Modell als auch Vorgänge im Planeten Erde vergleichbar und mit dem Spin-Ball erklärbar.

Die Magnetpole der Erde wandern dann, angetrieben von internen Strömungsverhältnissen, über etwa 9000 Jahre einmal um 180 Grad in die entgegengesetzte geographische Polrichtung. Der innere magnetische Nordpol weist zu unserer Zeit zum geographischen Südpol. Wenn der interne Spin-Ball umkippt, weist der innere magnetische Nordpol dann auf den geographischen Nordpol. Die interne Rotations-Richtung ändert sich in die entgegengesetzte Drehrichtung gegenüber dem Erdmantel. Das bremst aber die Erde in ihrer Rotation nicht wesentlich ab, da es sich um Vorgänge in Flüssigkeiten handelt. Seit etwa 700.000 Jahren dreht sich der interne Erdkern aus positiv geladenen Eisenionen in die entgegengesetzte Drehrichtung gegenüber dem Erdmantel, weil der magnetische Nordpol am geographischen Südpol liegt.

**Der eisenhaltige Erdkern rotiert heutzutage somit entgegengesetzt der Erddrehung und verursacht auch mit die Kontinentalplatten-Verschiebung, seit einigen hunderttausend Jahren überwiegend in Richtung Westen mit den entsprechenden Folgen von Erdbeben und der Entstehung von Gebirgen.**

Bei Drehung des Erdmagnetfeldes um 180 Grad, und damit der Rotations-Richtung des Erdkernes, wirken die Zerrkräfte der Kontinental-Verschiebung dann auch für einige hunderttausend Jahre in West-Ost Richtung. Zwischendurch, in der Zeit, in welcher der Kreisel kippt und somit das Erdmagnetfeld seine Lage ändert, werden auch Zerrkräfte in Süd-Nordrichtung oder auch umgekehrt wirksam, je nach Richtung und Drehschlupf des inneren Erdmagnet-Generators gegenüber der Drehrichtung des Erdmantels. So könnten, neben den Magma-Strömungen im Erdinneren, in verschiedenen Phasen auch die Alpen und vergleichbare Schubgebirge verstärkt entstanden sein. Zusätzlich wirkt natürlich auch die Schrumpfung des Erdballes infolge Abkühlung mit den Vulkan-Ausbrüchen zum Druckausgleich und dem übereinander Schieben der Kontinentalplatten mit. Zusätzlich zerrt natürlich auch die Gravitation der Gezeitenkräfte des Mondes nicht nur am Wasser, sondern auch an der Erdkruste und sorgen für Veränderungen, wie die

Verteilung des Urkontinents Pangea vom Südpol aus über die Erdkugel. Es ist somit auf dem Planeten Erde viel mehr in Bewegung, als allgemein beachtet wird und das unter dem hohen Potentialdruck der Raum-Energie, der für die Materie den kleinsten Raum im Potentialfeld fordert.

Die bis zu 5000 Grad heißen Eisenionen des rotierenden Erdkernes, hier als positive Ladung angenommen, weil unter diesen Bedingungen dem Eisenatom viele Elektronen fehlen, simulieren eine Art elektrischen Stromfluss, der ein erdinternes Magnetfeld erzeugt, dessen Nordpol zur Zeit auf den geographischen Südpol ausgerichtet ist. Die Drehrichtung des Erdkernes ergibt sich aus den elektromagnetischen Feldregeln. Statt wie beim elektrischen Strom sich bewegende negativ geladene Elektronen das Magnetfeld hervorrufen, wirken hier elektrisch positiv geladene Atomkerne mit. Im groben Raster änderte sich die Nord-Süd-Ausrichtung alle 250.000 Jahre, dann weist der magnetische Nordpol zum geographischen Nordpol.

Die gleichen Erscheinungen von Umpolung des Magnetfeldes in rotierenden Himmelskörpern sind auch an der Sonne festzustellen, alle 11 Jahre wechselt die Polrichtung des Magnetfeldes der Sonne entgegen der Rotationsachse in Begleitung von vermehrter Sonnenflecken-Aktivität. Der Mond hatte in seiner flüssigen Phase nachgewiesen ein Magnetfeld, das aber wegen der fast vollständigen Erstarrung nicht mehr erzeugt wird.

Das Erdmagnetfeld hat aber in der Entstehungsphase der Erde erheblich mit dazu beigetragen, die im nahen Weltraum vorbeifliegende Ionen der verschiedensten Fusions-Materieteilchen höherwertiger Elemente aus den Vorsonnen mit einzusammeln. Die Ionen werden von dem Magnetfeld weiträumig eingefangen, in spiralförmigen Bahnen in Richtung der magnetischen Pole umgelenkt und schlagen dort in die Planetenmaterie ein. In dieser Art können sich aus Staubwolken höherwertiger Materie im Weltraum, auch ohne Gravitation und Wegkollisionen, aus der Akkretions-Scheibe des frühen Sonnensystems größere Materieansammlungen, wie die Planeten, bilden.

Eine schwache Form dieser Vorgänge sind die Polarlichter. Es wird laufend der Sonnenwind, bestehend aus Atomteilchen, eingefangen und zu den magnetischen Polen umgelenkt. Diese Teilchen sind dann auch ein Teil der Aerosole für die Wolkenbildung auf dem Planeten Erde, denn sie stellen Kristallisationskerne für die Nebeltröpfchen zur Verfügung.

## 5.6 Die Systeme hängen durch das Energiepotential zusammen

Unser Sonnen-System hat für sich in seiner Gesamtheit seine Impuls-Energie gegenüber den Objekten aus den Vorsonnen, die wahrscheinlich eine oder mehrere Wegkollisionen oder Supernovae durchmachten. Diese Systeme haben in all ihren Massen nun letztendlich ihre kinetische Energie wiederum bezogen auf das Zentrum der Galaxie, unserer Milchstraße. Somit hat unser Sonnensystem auch eine Impuls-Energie aus dem Zentrum der Milchstraße und somit seine eigene Flugbahn im Gesamtsystem Galaxie, der Milchstraße.

Alle Himmelskörper unseres gesamten Sonnensystems haben als Masse jedes für sich einen Kreiselimpuls aus Konzentrationseffekten, einen Wegimpuls aus der Drehbewegung des Zentrums der Milchstraße und einen Fluchtimpuls aus dem Ausstoß der Materie aus dem Zentrum der Milchstraße. Ebenso hat die Milchstraße eine Weggeschwindigkeit im Universum. Hinzukommen Kreisel- und Wegimpulse aus weiteren Kollisionen oder Explosionen von und mit Vorläufer-Sonnen, die wiederum das Planetensystem aus der Asche von abgebrannten Vor-Sonnen generierten. Das ist die Genealogie der energetischen Entwicklung und ist der Materie als Eigenschaft in Form von Energiepotential in Bezug zu sonstigen Materie-Ansammlungen und dem Raum mitgegeben.

## 5.7 Das Energiepotential tauscht sich in einem Gesamtsystem aus und ist die Grundlage für die Gravitation

Die Atome im Sonnensystem haben alle für sich dasselbe ursprüngliche Energiepotential, weil sie aus demselben Ursprung stammen. Dieser Ursprung war eine gasförmige und flüssige Zusammenballung der Atome, insbesondere in Form von Vorsonnen, die untergegangen sind, aber die Elemente in ihrer Vielfalt erbrütet haben. Die Atome haben durch Adhäsion ihr Energie-Potential einander zu einem gemeinsamen System ausgetauscht und auf das gleiche Potential gebracht. Alle weiteren Formen des Systems, wie Planeten, Monde, Asteroiden, Kometen sind durch Eintrag weiterer Energieimpulse bei der Bildung der jeweiligen Himmelskörper entstanden. Somit hängt das Sonnensystem von außen her gesehen energetisch wie aus einer Masse bestehend in sich zusammen und hat ihr eigenes Gravitations-System, auch in Bezug zu sonstigen Materieansammlungen und dem Raum. Es ist für eine erklärbare Systembetrachtung somit ein eigenes Inertialsystem zu definieren, um andere Fremdeinflüsse auszugrenzen.

Für den Planeten Erde kommt hinzu, dass durch eine Kollision mit einem Objekt aus der Akkretions-Ebene in der Frühzeit ihrer Entstehungsgeschichte der Mond als Begleiter durch einen Schwingungstropfen abgetropft oder durch eine Störung mit Fliehkraft ausgestoßen wurde und für sich in den vergangenen drei Milliarden Jahren seine heutige Position erreicht hat. Das Austropfen durch einen Gegentropfen ergibt sich, wenn zum Beispiel ein Wassertropfen ins Wasser fällt. Es bildet sich ein energetisches Schwingungssystem im Potentialfeld der Raum-Energie aus, das bestrebt ist, den kleinsten Raum einzunehmen, und die Störung der Verzerrung des örtlichen Energieniveaus ausgleichen will. Der auftreffende Wassertropfen wird zunächst integriert, aber das Schwingungssystem aus der Flüssigkeit bildet einen Gegentropfen und stößt beim konzentrischen Zusammenprall des Einschlagtrichters wieder Materie aus dem Gemisch tropfenförmig empor. Die Tropfform, das kleinste Volumen anzunehmen, ist durch den Druck der Raum-Energie vorgegeben. Das gleiche gilt auch für den zu der Zeit recht flüssigen Erdball, Einschläge von Fremdkörpern haben Spritzer und Unmengen von kleineren Nachtropfen und mitgerissene Teile aus der zerschlagenen halbfesten Erdkruste zur Folge, aus denen sich dann der Mond bilden konnte. Die mitgerissenen Teile und Nachtropfen hatten auf der uns zugewandten Seite der Mondes spätere sehr große Einschläge zur Folge, die dann die Mare in der schon teilweise erstarrten Oberfläche des Mondes entstehen ließen. Nach Erstarrung der Mondoberfläche schlugen noch weitere unzählige Brocken ein und verursachten die sichtbaren Einschlagkrater und in Folge davon den Mondstaub. Auf unserem Planeten Erde waren auch diese unzähligen Einschläge, wurden aber durch die viel länger weiche Erdkruste verschluckt und sind längst vernarbt.

Die Einschlagserien von Nachtropfen bei der Mondentstehung kann am Mond vom Mars, dem Phobos sehr gut nachvollzogen werden. Der verhältnismäßig kleine Auswurftropfen nach einem Fremdeinschlag auf dem Mars war noch zähflüssig, als ihn ein kleiner schon härterer Nachtropfen traf und einen weichen Krater in den Phobos schlug. Es kam dann aber nicht zur Vereinigung, kann aber die Rotation geändert haben. Später nachfolgende Serien von vielen kleinen schon abgekühlten und somit harten Nachtropfen schlugen ganze Bahnen von kleineren Kratern in die Oberfläche des nun schneller rotierenden Mondes Phobos. Bildhinweis Google: Suchwort Phobos.

Der Mond besteht, wie durch die geglückten Weltraummissionen erkundet, überwiegend aus Materie der oberen Schichten der Erde, was sich auch aus der mittleren Dichte des Mondes ergibt. Dabei hat der Mond den alten Drehimpuls des Planeten Erde mitgenommen und somit einen Teil des Gesamt-Energiepotentials der Erde aus der Vorzeit. Die Gravitation des Mondes stammt somit von der Erde. Der Mond zeigt der Erde leicht schwankend immer die gleiche Seite zu. Das Energiepotential der Erde hat sich damit entsprechend verringert. Die Rotations-Geschwindigkeiten des Gesamtsystems haben sich angepasst und die Gravitation entsprechend energetisch aufgeteilt. Das Gesamtsystem hat zusätzlich den Energieimpuls der Kollisions-Masse gemeinsam integriert.

Die Drehgeschwindigkeit des Gesamtsystems Erde und Mond verlangsamte sich im Laufe der Jahrmilliarden mit dem Abstand Mond zu Erde, was auch die Entstehung von dem heutigen Leben auf dem Planet Erde erst ermöglichte. Ohne den Mond würde sich die Erde viel zu schnell drehen und die lebenswichtigen Temperaturen nicht bieten können. Der Tag hätte dann nur acht Stunden, aber ein biologisches Leben wäre nicht unmöglich, es sähe eben nur ganz anders aus. Insofern hat der Mensch seine Existenz unter anderem dieser besonderen Gesamtkonstellation zwischen Sonne und Mond und dem Einschlag eines größeren Himmelskörpers zu verdanken.

## 5.8 Die Gravitations-Gesetze gelten nur für ein definiertes Inertialsystem

Bewegt sich eine Masse, hier als Mondfähre, von der Erde hinüber zum Mond, hat diese Masse von der Erde immer noch ein Energiepotential gegenüber dem Mond. Dieses

Energiepotential ist dann als Gravitation in der entsprechenden Größenordnung vorhanden, die den früheren Masseverhältnissen entsprach. Es ist somit nicht eine Massenanziehungs-Kraft zwischen Mond und Mondfähre erforderlich, die eine Landung ermöglicht, es ist das **Naturgesetz** vom Ausgleich des jeweiligen Energiepotentials aus dem System Erde zu Mond.

Es wird eben nur ein Energiepotential ausgeglichen, das im Universum aufgrund des Druckes der Raum-Energie den kleinsten gemeinsamen Raum einzunehmen bestrebt ist. Dieses Energiepotential korreliert mit der Gravitation.

**Das Energiepotential einer Materieansammlung hat somit für jedes Objekt im Universum seine eigene Evolutions-Geschichte, die der jeweiligen Materieansammlung über ihre Massebeziehung mit Energieeintrag und Energieentzug mitgegeben wurde und von daher ihre Eigenschaft ist.**

Das Energiepotential jedes Bausteins der Materie hat somit seine Genealogie und Geschichte von der Entstehung aus Raum-Energie bis hin zu der momentanen Position im Universum. Die gesamten Veränderungen von Energieeinträgen und Energieentnahmen sind mit dem jeweiligen Materie-Teilchen als Eigenschaft verbunden. Bei Kumulierung zu größeren Objekten durch Kollision erfolgt Energieaustausch und es ergibt sich eine Summe an Energieeintrag für das Gesamtobjekt. Die Folge sind Änderungen der nun gemeinsamen Bewegung mit Richtung und Geschwindigkeit aus der Resultierenden von Energieeintrag oder Energieentzug an Impuls-Energie. Es ist somit zur Erklärung der sichtbaren

Verhältnisse in den Galaxien keine „Dunkle Materie" oder „Dunkle Energie" erforderlich.

Gäbe es in den Galaxien eine sogenannte Massenanziehungskraft nach den bisher allgemein gültigen Theorien, würden diese in sich zusammenklumpen und nicht die oft üblichen filigranen Spiralformen annehmen können. Andere mathematischen Abhandlungen nach den Newtonschen Gesetzen gehen davon aus, die Galaxien müssten auseinanderfliegen, von daher ist eine „Dunkle Materie" als Gegenpol mit der Eigenschaft von erheblicher, allgemein angenommener Massenanziehungskraft erforderlich. Da das wohl nicht der Fall ist, kann gefolgert werden: Die Newtonschen Gesetze und auch die Einsteinschen Gravitations-Gesetze gelten nur für ein bestimmtes Inertialsystem im engeren Raum und können nicht auf Galaxiensysteme oder das gesamte Universum ohne Angleichungen auf erweiterte Inertialsysteme angewendet werden.

**Das System von der Massenanziehungskraft ist nicht allgemeingültig. Das System vom absolut leeren Zwischen-Raum ist nicht haltbar. Die gesuchte „Dunkle Energie" ist das Feld der Raum-Energie.**

Würde z.B. eine externe Sonne aus unserer Galaxie unser Sonnensystem auf ihrer Flugbahn durchdringen, so würde diese Sonne nur mit einer Differenz der Gravitation auf die Materie des Sonnensystems einwirken, die den Unterschied in Bezug auf das mitgebrachte Energiepotential gegenüber dem Zentrum der Galaxie beinhaltet. Nur im näheren Umfeld wirken auch die Gravitationskräfte aus der Verzerrung des Potentialfeldes der Raum-Energie durch große Massekonzentrationen in diesem Energiefeld. Bei Weg-Kollision würden sich aber die jeweils eigenen Impuls-Energien der Systeme aus ihrer Eigenbewegung zu einem gemeinsamen Energieimpuls in den daraus entstehenden Objekten zusammen addieren und einen neuen Weg mit dem gemeinsamen Energieimpuls gehen.

Beim Vorbeiflug von Objekten aus verschiedenen Regionen innerhalb von Galaxien oder auch aus zwei verschiedenen Galaxien, sind die Differenz-Geschwindigkeiten von Sonnen oder größere Planeten wesentlich und systemgegeben sehr hoch. Es kommt nur zu Kollisionen, wenn diese Objekte auf ihrer Flugbahn im Raum direkt zusammenstoßen. Beim Vorbeiflug, auch in geringem Abstand, wirken ihre jeweiligen Gravitations-Felder aufeinander ein und versuchen über die Senken im Feld der Raum-Energie die vorbeifliegenden Objekte einzufangen. Nun kommen aber die sehr hohen Relativ-Geschwindigkeiten zur Geltung. Übersteigen diese die jeweilige Fluchtgeschwindigkeit aus dem Gravitations-Potential der Objekte, ergibt sich kein Einfangen auf die Äquipotential-Ebenen, sondern höchstens eine Wegumlenkung der sich begegnenden Objekte entsprechend der Masseverhältnisse und Eigengeschwindigkeit und somit den kinetischen Energiepotentialen. Aus diesem Grund fallen auch Kugelhaufen nicht in sich zusammen und bilden einen Materieklumpen.

Diese Tatsachen sind uns Menschen aus der Astronomie inzwischen an der Entwicklung von Galaxien sichtbar bekannt und somit beweisbar. Diese Strukturen haben sich bestimmt nicht aus dem sogenannten Urknall entwickeln können, der nach der Theorie vor den Galaxien schon die erforderliche Materie und Antimaterie generiert haben soll. Das besagt auch:

**Die Entstehung der Materie ist die Umwandlung von am jeweiligen Ort der Galaxie vorhandener Raum-Energie in Materie.**

## 5.9 Der Urknall findet laufend statt

Den Urknall gibt es so nicht. Der Urknall, der die schlagartige Entstehung der Materie zur Folge haben soll, findet kontinuierlich in den Zentren der Galaxien, den „Schwarzen Löchern" oder auch „Weißen Löchern", laufend statt.

Die Generierung von Materie findet, sichtlich nachweisbar, in den unzähligen Galaxien statt. Was allerdings die Zündung der Schwarzen Löcher im Raum auslöst, liegt noch nach wie vor im Ungewissen. Ebenso unbekannt sind die Bedingungen und Vorgänge im Inneren der Galaxien-Zentren, indem wohl Energie über Quarks und Co zu Materie kondensiert und mit höchster Geschwindigkeit in überwiegend Wasserstoff-Atomen aus diesen Turbulenzen in zwei entgegen gerichteten Materiestrahlen sehr gleichgewichtig herausgeschleudert werden.

Weil Licht, Röntgen- und Radiostrahlung unsere einzigen Informanten sind, kann keine Information aus den verschiedensten Galaxien-Zentren, die auch von daher als „Schwarze Löcher" bezeichnet werden, zu uns kommen.

Das Licht und sonstige Strahlung reflektiert in dem Strudelsystem der Schwarzen Löcher in Totalreflexion an den Grenzflächen der großen Energiedruck-Unterschiede im Feld der Raum-Energie. Somit dringt keine Strahlung als Information nach außerhalb des Schwarzen Loches, nur die aus der Raum-Energie kondensierten Materieströme werden ausgeworfen und sind zum Teil sichtbar.

Auch wenn wir die Vorgänge in den Zentren der Galaxien nicht sehen können, gibt es dafür Erklärungs-Modelle, wie im Feld der Raum-Energie Materie generiert werden könnte:

Es ist bekannt, dass ein mit Überschall fliegendes Flugzeug einen Überschall-Knall hinter sich herzieht. Die Luft wird dermaßen beschleunigt auseinandergetrieben, dass sich Unterdruck aufbaut und es entsteht ein Vakuumbereich, der mitgezogen wird und sich erst verzögert über den Knall ausgleicht. Warum ist diese Überschall-Geschwindigkeit ebenso groß oder größer, als die Schallgeschwindigkeit im Medium der Luft? Die Schallgeschwindigkeit ist die Geschwindigkeit, mit der Druckwellen des Schalles im Medium der Luft weitergeleitet werden. Diese Geschwindigkeit ist abhängig vom Luftdruck, der Temperatur und von der eingelagerten Feuchtigkeit, also von der Massenträgheit des zu bewegenden Mediums. Diese Übertragungsgeschwindigkeit kann nicht größer sein, als der Moment, an dem in diesem Medium ein Vakuum induziert würde. Ein Vakuum entsteht, wenn das Rückschwingen der Luft bei der Druckwellenübertragung vom Schall schneller sein müsste, als die Partikel der Luft folgen könnten. Von daher ist dort eine Geschwindigkeits-Grenze, da ein Vakuum sich nicht bilden kann, weil die Energie und der Druck nicht ausreichen, das Vakuum nach Durchgang der Schallwelle zu schließen. Die Schallübertragung würde abreißen, das ist die Schallgrenze. Übertragen auf das Feld der Raum-Energie ist diese Grenze die Lichtgeschwindigkeit, die von der Feld-Dichte und dem inneren Druck im Energiefeld der Raum-Energie vorgegeben ist. Wird die Lichtgeschwindigkeit durch einen Prozess irgendwelcher Art überschritten, tritt im Feld der Raum-Energie ein Unterdruck auf, siehe auch Kapitel 4.8 und 4.11.

Nach der Energiefeld-Theorie entsteht Materie wie postuliert, durch Unterdruck im Feld der Raum-Energie. Strömt das Feld der Raum-Energie durch ein Schwarzes Loch einer Galaxie, so hat es eine Geschwindigkeit oder auch Änderungs-Geschwindigkeit in der Feld-Dichte. Wenn diese Änderungsgeschwindigkeit die Lichtgeschwindigkeit überschreitet, entsteht Unterdruck im Feld der Raum-Energie. Die Folge davon kann sein, das Feld der Raum-Energie kondensiert zu Größer-Volumen in Form von Materie. Materie entsteht durch Ladungstrennung von Proton und Elektron zum Element Wasserstoff, dem Grundbaustein der Materie.

**Materie entsteht im Feld der Raum-Energie durch Vorgänge mit Unterdruck-Kondensation aus einem Prozess der Feldverzerrung mit Überlichtgeschwindigkeit. Dieser Prozess kann in den Zentren der Galaxien laufend Materie generieren, solange das Energiefeld durch das Zentrum hindurch strömt und Energie nachliefert. Somit findet der Urknall, die Generierung von Materie, in den Zentren der Galaxien laufend statt.**

Allgemein bildet die Lichtgeschwindigkeit eine Übertragungsgrenze im Feld der Raum-Energie, vergleichbar zur Schallgeschwindigkeit im Medium der Luft. Es gibt aber Prozesse, bei denen die Schallgeschwindigkeit im Medium der Luft überschritten werden kann. Ebenso sind im Feld der Raum-Energie Prozesse vorstellbar, bei denen die Lichtgeschwindigkeit überschritten werden kann. Wenn es sich nur um Energiefelder handelt, die keine Materie beinhalten, wäre eine höhere Änderungsgeschwindigkeit in der Feld-Dichte als die Lichtgeschwindigkeit postulierbar. In der Energiefeld-Theorie entsteht somit Materie durch Unterdruck-Kondensation im Feld der Raum-Energie. Nach den hier postulierten Ableitungen entsteht die Materie somit in den Zentren der Galaxien.

Nach der klassischen Urknall-Theorie wird ja auch von einem Anfang ausgegangen, der eine höhere, inflatorische Ausdehnungsgeschwindigkeit als die Lichtgeschwindigkeit gehabt haben müsste. Anderenfalls hätte das für uns einsehbare Universum die jetzigen Ausmaße nicht erreichen können. Also wird auch damit gerechnet, dass sich das Universum im Anfangsstadium mit Überlichtgeschwindigkeit ausgedehnt haben müsste und sich dabei sogar schon sehr früh Materie gebildet haben soll, die angeblich von der Strömung zu ihrer heutigen Position mitgerissen worden sein soll.

## 5.10 Woher könnten die Galaxien kommen?

Vorerst ist die Frage zu klären, wie entstehen Strudel. Strudel entstehen bei Ausgleich von Energiepotentialen. Beim System von Zyklonen mit Aufwinden entstehen in extremen Fällen auch Tornados und Zyklone. Warme und damit spezifisch leichte Luft am Boden der Erde will einen Ausgleich schaffen zu der kalten, dichteren Luft in Höhe der Wolken. Es bauen sich erhebliche Unterschiede im Luftdruck auf, die nach einem Ausgleich suchen. Es entstehen Aufwinde und Fallwinde. Dieser Ausgleich kann nicht sofort umfassend erfolgen, sondern nur in einem Prozess, da die räumliche Ausdehnung der unterschiedlichen Medien sehr groß ist und ein sofortiger Durchmischungs-Vorgang von daher über einer Art Trennschicht verzögert wird.

Im Normalfall steigt die warme feuchte Luft über Aufwinde zu den kälteren Luftschichten gemäßigt stetig auf und bildet in der kalten Schichtung die Wolken. Die in der warmen Luft gasförmig enthaltene Feuchtigkeit kondensiert in den Wolken zu größeren Nebeltropfen aus Wasser. Die Nebeltröpfchen sind zwar schwerer als die verdrängte Luft, werden aber durch die Aufwinde und die Grenzflächen zwischen warmer und kälterer Luft mit unterschiedlichem Luftdruck in Schwebe gehalten. Die Nebeltröpfchen haben ihr individuelles Energiepotential durch die Aufwinde mitbekommen. Erst bei weiterer Abkühlung durch Konvektion zu kalten Schichten in großen Höhen hin kondensieren die Nebeltröpfchen zu immer größeren Gebilden, bis sich Wassertropfen durch Kumulation gebildet haben, die so schwer werden, dass sie den Schwebezustand trotz Aufwind und

Luftdruckunterschieden verlassen und zur Erde als Regen ausfällen. Die kalten Schichten in großen Höhen entstehen durch Wärmeabstrahlung in den Weltraum hinaus.

Bei gewaltigen Druckunterschieden steigen die Geschwindigkeiten der Aufwinde erheblich und es kann sich in einem Zentrum ein Wirbel ausbilden, der unter Einfluss der Scherwinde einen Tornado zündet. Im Wirbel erhöht sich die Geschwindigkeit der Moleküle erheblich und bewegt sich infolge von Stauaufbau in Spiralen, dem Wirbel als energetisch kleinsten Raum, nach oben. Der Ausgleich der warmen zur kalten Luftschicht erfolgt somit **durch ein Schlupfloch** schneller. Durch diese Spiralbewegungen im Wirbel entstehen Fliehkräfte auf die Moleküle und es bildet sich der Schlauch aus, der im Inneren wegen Nachschubmangel an Molekülen einen erheblichen Unterdruck ausbildet. Dieser Unterduck saugt noch mehr warme Luft an und die Feuchtigkeit kondensiert infolge des Unterdrucks zur Wolkenbildung schon in dem Schlauch. Der aufsteigende Wirbel des Tornados ist somit als Schlauch Richtung Wolke sichtbar und es kondensiert im Inneren die Feuchtigkeit infolge des Unterdrucks, der sogenannten **Unterdruck-Kondensation**.

Beim Wasser gibt es ähnliche Wirbelbildung. Beim Auslaufen der Badewanne oder am Abflussrohr eines Stauwassers bilden sich umgehend Wirbel aus. Das Wasser mit hohem Energiepotential von der Wasseroberfläche bis hin zum Abfluss auf niedrigerem Energiepotential strebt zum Ausgleich des Energieniveaus. Die Bewegungsgeschwindigkeit der Moleküle erhöht sich im Wirbel, hat aber Fliehkräfte zur Folge, die den Trichter ausbilden, der auch Luft nachsaugt und somit

Unterdruck im Wasser hervorbringt. Der Wirbel sorgt somit für schnelleren Energieausgleich durch ein Schlupfloch, stellt aber in sich eine zeitliche Verzögerung dar und benötigt dafür Energie wegen der höheren Reibungsverluste.

Die Erkenntnisse aus der Wirbelbildung können auch zur Erklärung der Entstehung von Galaxien beitragen. Aus der Annahme, das Feld der Raum-Energie besteht aus geschichteten Blasen und somit vergleichbar zwiebelartig geschichtet an der Basis gegenüber dem Universum der Anti-Energiewelt. An der Trennschicht zwischen Anti-Energiewelt und unserer Energiewelt wird laufend Raum-Energie nachgeliefert, was den Energiedruck aufbaut.

Die inneren Schichten an Raum-Energie im Universum stehen unter verschieden hohem Energiedruck, der höchste an der Basis, geringere Energiedrücke infolge von Ausdehnung in den älteren äußeren Zwiebel-Schichten. Zwischen den Schichten bilden sich gewisse Trennflächen aus, auf denen sich die Galaxien verteilen Hinweis Quelle 11. Von daher gibt es Zonen, in denen der Energiedruck sehr hoch ist und eine Umwandlung in Materie schon aus dem Grunde verhindert wird, und Zonen mit geringerem Energiedruck, die eine Entstehung von Materie über einen Vorgang der Unterdruck-Kondensation ermöglichen.

**Materie ist nach der Energiefeld-Theorie kondensierte Raum-Energie.**

Die Raum-Energie in einer Schicht hat das Verlangen, sich zu den Schichten mit geringerem Innendruck auszugleichen.

Der Ausgleich zwischen den unterschiedlichen Energiedruck-Bereichen im Feld der Raum-Energie ist nicht ohne einen länger andauernden Prozess möglich. Es bilden sich an den Grenzflächen sogenannte Trennflächen und Schlupflöcher aus, die in Form von Wirbelbildung den Druckausgleich zwischen den Schichten einleiten. Die Wirbelbildung ist dermaßen energieintensiv, dass sich gewaltige Strudelsysteme bilden, die infolge Unterdruck-Kondensation auch als Kondensat die Raum-Energie über Zwischenbausteine, vielleicht über die Quarks und deren Co, in Materie umwandeln können. Die nun mit Masse behaftete Materie wird aus den Wirbeln infolge der Fliehkraft aus dem Zentrum der Galaxie ausgestoßen und verstärkt ihrerseits den Unterdruck im Rotations-Zentrum. Der Unterdruck saugt Raum-Energie nach und verstärkt damit die Wirbelbildung und somit die Umwandlung der Raum-Energie in Materie.

Gemäß den Theorien von Albert Einstein bewirkt negativer Druck im Universum eine abstoßende Gravitation. Demnach würde die Materie aus den Zentren der Galaxien direkt abgestoßen. Hinweis Quelle 3, Seite 318.

Hier können die bisher aufgestellten Theorien zur Entstehung von Materie aus der traditionellen Urknall-Theorie eingeflochten werden, um die Vorgänge in den Schwarzen Löchern der Galaxien abzuleiten. Die bisherige Urknall Theorie geht aber bei der Bildung von Materie von einer Abkühlung der Ur-Suppe aus. Was war aber diese Ur-Suppe, vielleicht doch ein Energiefeld?

**Die Materie ist nach der Quastschen Energiefeld-Theorie kondensierte Raum-Energie und nimmt für sich mehr**

Raum ein, als das Potentialfeld der Raum-Energie selbst an Raum-Volumen ausfüllt, und verdrängt somit die Raum-Energie durch ihr Eigenvolumen. Von daher steht Materie unter einem immensen Druck, der in der Lage ist, die Atomkerne auch bei höchsten Temperaturen zusammen zu halten.

Diese aus Quarks und Co oder Strings generierte Materie, zunächst Plasma mit Wasserstoff, wird in den Zentren der Galaxien herumgewirbelt und infolge von Kollision mit anderen Wasserstoffatomen aus den Zentren der Galaxien kontinuierlich in Schweifen oder Scheiben, mit ungeheurer Energie behaftet, ausgeschleudert. Die Strahlen werden wiederum von magnetischen und elektrischen Feldern gebildet und geformt, die ihrerseits von Strömungen aus ionisierten Teilchen im Schwarzen Loch der Galaxien hervorgerufen werden. Ebenso spielen auch dadurch hervorgerufen Kollisions-Wege eine wichtige Rolle. Aus diesen Strahlen bilden sich dann in vielen Fällen die Schweife der Galaxien über Wasserstoff und Helium und Lithium bis hin zu Materie aus der Kernfusion und formen somit auch unsere Milchstraße aus.

Der Energiestrom der sich ausgleichenden Raumenergie-Felder für den Druckausgleich zwischen den Druckgrenzen der Raum-Energie steht senkrecht zur Akkretions-Scheibe der Galaxien, strömt also durch das Zentrum hindurch und bildet das Schwarze Loch aus. Das ist das Schlupfloch zum Ausgleich unterschiedlicher Druck-Felder der Raum-Energie im Universum.

Die Eigendrehung der Galaxien, ihre Lage und ihre Formen sind sehr unterschiedlich, denn auch die Trennflächen der unterschiedlichen Druck-Bereiche im Feld der Raum-Energie sind in ihrer Lage nicht gerade auf einer Kugel angesiedelt, sondern wohl eher auf stark strukturierten Zwischenschichten. Nach den heutigen Erkenntnissen sind die Galaxien auf bestimmte Regionen verteilt und bilden sogenannte Wolken. Man spricht von Seifenblasen-Regionen, die zusammenhängen. An deren Trennschichten sind die Galaxien halbkugelförmig verteilt, aber mit den dazwischen liegenden gewaltigen Leerräumen, den sogenannten voids. Hinweis Quelle 11.

Man kann davon ausgehen, dass es im Feld der Raum-Energie auch eine Art Wetter gibt, das die Trennschichten verschiedener Energiedruck-Bereiche im Raum vielfältig verschiebt. Von daher gibt es verschiedenste Lagen der Galaxien im Universum. Dem ausgesendeten Licht der Galaxie können wir aber nicht ansehen, ob und wie es durch unterschiedliche Bereiche der Raum-Energie mit unterschiedlichem Energiedruck abgelenkt worden sein könnte, denn wir kennen nicht die wahre Position der jeweiligen Galaxie. Das Licht und sonstige Strahlung haben ihre eigenen Wege im Raum, bedingt durch Äquipotential-Wege mit gleichem Druck im Feld der Raum-Energie und zusätzlich dem Bogen aus der Veränderung der Position des Objektes im Universum aufgrund der Entfernung seit Milliarden von Lichtjahren. Wir sehen über die Strahlung nur die Vergangenheit aus der Zeit, als die Strahlung entstand und nach der Laufzeit von Milliarden von Jahren nun endlich auch bei uns ankommt.

Es gibt Galaxien, die aktiv sind und noch immer größer werden und solche, die stehen geblieben sind. Diese Alt-Galaxien (z.B. Andromeda-Galaxie, Hinweis Quelle 9) wandeln weniger Raum-Energie in Materie um, sie entwickeln sich aber im Inneren infolge der Kollisionen von Materie, die ja ihre Impulsenergie behält, weiter und werden auch zu elliptischen oder irregulären Galaxien. In dem von uns aus einsehbaren Universum sind Galaxien zu sehen, die bis zu 13,5 Milliarden von Lichtjahren entfernt sind und von daher noch in ihrer Anfangsentwicklung stecken, die ihrerseits auch schon Zeit benötigt hatte. Es gibt Vermutungen, dass unser Energie-Universum etwa 30 Milliarden Jahre alt sein könnte. Diese Frühgalaxien haben sich natürlich in ihrer Form, Struktur und Position über die 13 bis 14 Milliarden von Jahren der Lichtdurchleitung bis heute schon längst zu gewaltigen Feuerrädern weiterentwickelt oder haben sich schon längst wieder aufgelöst. Aber bis uns deren Licht von deren heutigen wirklichen Struktur erreicht, ist unser Sonnensystem schon längst untergegangen und gibt Stoff für neue Welten.

**Durch das Schwarze Loch der Galaxien strömt Raum-Energie:**

Leider kann uns das Licht und sonstige Strahlung als Informant nicht das Feld der Raum-Energie und ihr Verhalten in Bezug zu den Galaxien darstellen. Es gibt jedoch konstruierte Beispiele. Das Lichtbild einer von der schrägen Seite sichtbaren Galaxie wird kombiniert mit einer Aufnahme im Radio- und Röntgen-Frequenzband. Hier ist bei der Galaxie Centaurus A zu sehen, wie sich der Bereich der hochenergetischen Strahlung wie zu einem Trichter in Richtung senkrecht zum Zentrum der Galaxie hin verdichtet und auf der Rückseite wiederum als sich ausdehnender Wirbel aus dem Schwarzen Loch der Galaxie herauskommt. Die Ursache kann sein, dass die Röntgen- und Radiostrahlung, die aus der Scheibe der Galaxie abgestrahlt wird, von Dichtegrenzen im Feld der Raum-Energie im Nahbereich der Galaxie reflektiert wird und so einen Teil des Feldes der Raum-Energie in Bereichen von unterschiedlichen Energiedruck indirekt sichtbar werden lässt. Ebenso kann es sein, dass im Strömungsbereich der Raum-Energie aus der Region vorhandene intergalaktische Materieteilchen von einer untergegangenen Galaxie mitgerissen werden, an denen Strahlung aus der nahen Galaxie reflektiert wird und somit einen Indikator für die Strömungen darstellt. Ebenso kann durch Kollision der Fremd-Materieteilchen in dem sich verdichtenden Feld der zusammenströmenden Raum-Energie die hochfrequente Strahlung entstehen. Eine weitere Bildzusammenstellung für eine Starburst-Galaxie im Infrarot-Licht liegt jetzt auch mit der Aufnahme des Weltraumteleskop „Herschel" vor, das die strudelartige Strömung von Materie durch das Zentrum der Galaxie darstellt (Hinweis: Herschel PACS von DLR/Esa).

Das Feld der Raum-Energie scheint somit senkrecht zur Rotationsebene der Galaxie trichterförmig hindurch zu strömen. Es hat die Form von einem Strudel im Feld der Raumenergie, der einen Jet-Stream von Raum-Energie durch das Schwarze Loch, dem Zentrum der Galaxie, hindurch ausbildet. Die Galaxie selber wird durch den Eintrag von fremder Materie in ihrer Ebene natürlich erheblich verschmutzt, was sich durch vergleichbar viel mehr interstellaren Staub in dieser Galaxie bemerkbar macht.

Nach der klassischen Theorie wird dieser Reflexionsbereich bei der Galaxie Centaurus A als Auswurf von Materieteilchen oder sogar als Antimaterie interpretiert. Hinweis Quelle 9. Von daher wird dieser Bereich als Materiestrom aus dem Zentrum der Galaxie nach beiden Seiten ausgestoßen und soll auch als Beweis für die Dunkle Materie und Antimaterie herhalten. Das ist nach der Quastschen Energiefeld-Theorie, wie hier postuliert, anders zu sehen.

Diese hochenergetische Strahlung reflektierenden Bereiche füllen Räume aus, die wesentlich größer sein können, als die Galaxie selber. Es gibt auch Bereiche im Sternbild Fische, wo ganze Galaxienhaufen mit ähnlichen Strahlungsgürteln umringt sind. Auch hier kann es sich um Reflexionen von hochenergetischer Strahlung an Dichtegrenzen in dem Potentialfeld der Raum-Energie handeln. Ein ähnliches Bild gibt es auch von einem Quasar, im Bereich der Röntgen-Strahlung. Hinweis Quelle 6, Seite 14 und 17, Quelle 7, Seite 60 ff.

Auch neueste Interpretationen der Strahlungs-Messungen in der Nähe von Galaxien stimmen mit der hier aufgestellten Energiefeld-Theorie überein, dass es sich bei diesen Erscheinungen um verdichtete Bereiche im Feld der Raum-Energie, in Bereichen senkrecht zu beiden Seiten der Galaxien-Ebenen handeln könnte. Der Artikel „Doppel-Blasen im Herzen der Milchstraße" stellt eine Interpretation der Messungen von Strahlungserscheinungen im Bereich von

Gamma-Strahlungen durch das NASA-Teleskop Fermi dar, die sich im Bereich um unsere Milchstraße herum erstreckt und Dimensionen von über 50.000 Lichtjahre umfassen soll. Ebenso sind die Bilder von der Galaxie und Radio-Quelle Centaurus A zu interpretieren mit dem Titel „Doppel-Geysir im All". Hinweis Quelle 6 und 9.

Dieses Bild stimmt mit der aus logischer Ableitung zur Entstehung von Galaxien entwickelten Grundlage der Quastschen Energiefeld-Theorie überein. Es sollten von daher wesentlich weitergehende Aufnahmen im Universum für die verschiedensten Strahlungsarten zusammengestellt und überlagert werden, um diese Vorgänge besser zu verstehen und die Ursachen zu erforschen und abzuleiten. Siehe auch Kapitel 5.1: Wie entsteht eine Galaxie im Potentialfeld der Raum-Energie.

Ebenso ist anzumerken, dass ein Vorhandensein von Dunkler Materie nicht von Nöten ist, mit der die hohe Mitdreh-Geschwindigkeit der äußeren Galaxienarme gegenüber den traditionellen Berechnungen erklärt wird. In den Bereichen der Galaxien dreht sich auch das Energiefeld mit und treibt die nach außen hin langsamer werdenden Objekte an, wie ein Hurrikan oder Zyklon die gewaltigen Wolkenwirbel in unserer Atmosphäre. Von daher ist keine Dunkle Materie mit ihrer Massenanziehungskraft erforderlich, um auch diesen Effekt im Feld der Raum-Energie zu erklären. Es gibt aber auch sonstige Strömungen durch die Veränderungen im Feld der Raum-Energie, die Verzerrungen der üblichen Struktur der Galaxien zur Folge haben. Aber für uns unsichtbare Materie gibt es natürlich im Universum in ungeheuren Mengen, die aber nicht zur Korrektur der klassischen Gravitations-Gesetze herangezogen werden muss.

## 5.11 Wie haben wir unsere Erde relativ zu dem Universum zu sehen?

Der mit sehr empfindlichen, vielfältig gestalteten biologischen Leben angefüllte Planet Erde ist in dem Gesamtsystem Galaxie beweisbar vorhanden, sonst gäbe es uns nicht. Es gibt Orte im Universum, die diese und ähnliche Bedingungen erfüllen können, wo und wie oft, steht in den Sternen.

**Ein biologischer Lebensraum, wie auf unserem Planeten Erde, ist im Universum sehr selten, aber nicht unmöglich, da wir in diesem System möglich sind!**

Das Zentrum unserer Milchstraße ist sowieso wegen vorgelagerter Materie für uns nicht sichtbar. Das ist der Erde Glück, denn wenn der Materiestrahl aus dem Zentrum der Galaxie im Laufe der Jahrmillionen ab und zu mal in Richtung Erde zeigt, weil sich das Zentrum schneller dreht als die Schweife folgen können, wäre vorübergehend ein lebensbedrohlicher Partikel-Strom durch unser Sonnensystem hindurch zu erwarten (siehe auch Kapitel 5.1). Die vorgelagerten Staubwolken schirmen aber diese energiereichen Partikel-Ströme weitestgehend ab. Von daher sind biologisch belebbare Planetensysteme nur in den älteren Teilen der Spiralarme der Galaxien anzunehmen, wo auch alte ausgebrannte Sonnen und somit Altmaterie aus Sonnenasche mit ihrer Elementen-Reihe vorhanden ist. Das Leben kann sich von daher nur entwickeln, wenn Partikel-Strahlung aus Galaxienzentren oder einer Supernova abgeschirmt sind. Dazu trägt insbesondere auch das Erdmagnetfeld bei, wodurch energiereiche Partikel-Strahlung abgeleitet und abgeschirmt wird. Die Licht- und Wärmestrahlung und sonstige energiereiche Strahlungen aus einem Zentralstern, für den Planeten Erde ist das die Sonne, müssen so gering eingestellt sein, dass in genügender Verfügbarkeit Wasser in flüssiger Form vorhanden sein kann. Bei unserer Erde hat dazu auch der Mond mit beigetragen, ansonsten würde sich die Erde wesentlich schneller drehen, so dass ein Leben in der heutigen Form wohl so nicht möglich wäre.

# Kapitel 6: Folgerungen

Die Wissenschaft der Kosmologie sollte auch für weitere Lösungsansätze über die Entstehung des Universums und unserer Welt offen sein. Das verkrampfte Festhalten an dem bisherigen Urknall-Szenario und deren Begründung, dass alle Energie und Materie von Anfang an auf einen Schlag nach einigen wenigen Bruchteilen von Sekunden und innerhalb der ersten 300.000 Jahre in Bezug zu dem Alter von 13,5 Milliarden Jahren seit dem Urknall dagewesen sein sollte, muss auch aus anderen Perspektiven gesehen werden. In der neueren Literatur wird inzwischen auch über Multi-Universum-Systeme nachgedacht. An dem Systemdenken mit der Massenanziehungskraft der Materie untereinander wird aber bisher weit und breit nicht gerüttelt.

Nach den bisherigen Theorien sollen das Licht und andere Strahlung Photonen oder elektromagnetische Wellen sein, wobei von daher die Übertragung über Milliarden von Lichtjahren nicht geklärt ist. Hilfskräfte wie Dunkle Materie und Dunkle Energie dienen als Lückenbüßer für mathematisch unerklärliche Verhältnisse, abgeleitet von der angeblichen Massenanziehungskraft der Materie. Die Unendlichkeit in den mathematischen Ableitungen setzt den Erkenntnissen unüberwindbare Grenzen.

Insbesondere wird es auch nicht möglich sein, alle Vorgänge in mathematische Ableitungen zu zwängen, um damit das Universum zu erklären und zu beweisen. Mathematische Ableitungen setzen immer eng definierte Rahmen-Bedingungen voraus und grenzen von daher vieles aus, was dann aber nicht die Wirklichkeit beschreiben kann. Mathematik beschreibt, nach vorangegangener Determination, eigentlich nur die Beziehungen von verschiedenen Größen zueinander in ihren Veränderungen und den daraus folgenden Rückwirkungen auf andere beteiligte Größen, gemäß den Beziehungsregeln, die mit den Formeln abgeleitet werden sollen. Aber die Größen selber sind schon Kompromisse, Maßstäbe und Definitionen in Bezug auf die Realität und dürfen sich in der Zeit der Gültigkeit der mathematischen Ableitung selber nicht verändern. Das ist aber praxisfremd.

In der hier vorgestellten Quastschen Energiefeld-Theorie sind diese Begriffe Dunkle Materie oder Dunkle Energie zur Korrektur der mathematischen Berechnungen nicht von Nöten. Die Newtonschen Regeln aus der Massenanziehungskraft lassen sich auf die Energiefeld-Theorie und deren Definition der Gravitation als Energiepotential übertragen. Die bisherigen mathematischen Newtonschen Gesetze gelten sowieso nur für den Fall der Beziehung zwischen zwei Massen. Es muss ein geografischer Bezug zum Raum-Mittelpunkt der größeren Masse bestehen. Die Massen müssen dabei auch noch von sehr unterschiedlicher Größe sein, damit die Rechenergebnisse der Praxis nahe kommen. Die Praxis sieht aber überwiegend anders aus, als es die Mathematik bisher zu erschließen vermag. In der bisherigen Kosmologie wird angenommen, alle Materie und damit alle Massen haben Bezug zueinander, egal wie weit sie auseinanderstehen. Bei Albert Einstein wird die Rückwirkung zumindest auf die Lichtgeschwindigkeit begrenzt und ist damit nicht mehr instantan wie in den Newtonschen Gesetzen.

Aber auch Albert Einstein hatte sich mit der Einführung seiner Kosmologischen Konstante darüber Gedanken gemacht, dass es eine abstoßende Gravitationskraft geben müsse, damit nicht alles in sich zusammenfällt und ein statisches Universum ermöglicht. Mit der von Edwin Hubble entdeckten Ausdehnung des Universums wurde diese Konstante von ihm wieder fallen gelassen. Aber immerhin ist die allgemeine Aussage seiner Relativitäts-Theorien, dass der Raum gekrümmt wird und zwar durch die Raum-Zeit und von Masse, dem Druck und der Energie, die den Raum verzerren. Leider gibt es aber bis heute keine verständliche Interpretation dieser Zusammenhänge, außer man arbeitet sich in die Formeln der Einsteinschen Relativitätstheorien ein.

Die von Albert Einstein hier genannten Begriffe sind auch in der Quastschen Energiefeld-Theorie Bestandteil des allgemeinen Verständnisses der Zusammenhänge. Nach der Energiefeld-Theorie haben die Massen einen Bezug zueinander, und zwar über ihr individuelles Energiepotential in Bezug zu ihrem Entstehungsort und ihrem Einfluss auf die Verzerrung des Potentialfeldes der Raum-Energie und **nicht** über eine Art Schwerkraft oder Massenanziehung untereinander oder der sogenannten „Dunklen Materie" oder „Dunklen Energie". Das Gesetz von der Erhaltung der Energie ist oberstes Gebot. Woher die Energie kommen könnte und wohin sie geht, wurde in Kapitel 4 beschrieben.

**Die gesuchte „Dunkle Energie" ist das Potentialfeld der Raum-Energie gemäß der hier aufgezeigten Quastschen Energiefeld-Theorie. Das Feld der Raum-Energie ist ge-**

krümmt, entwickelt sich weiter über die Zeit, hat immensen inneren Druck und die aus der Raum-Energie generierten Masseansammlungen verzerren das Feld der Raum-Energie in Form von Potential-Schichtungen. Materie mit ihrer Masseneigenschaft ist ein Aggregat-Zustand der Energie: $E = m c^2$.

Nach der Energiefeld-Theorie haben die Massen einen Bezug zueinander, und zwar über ihr individuelles Energiepotential in Bezug zu ihrem Entstehungsort und ihrem Einfluss auf die Verzerrung des Potentialfeldes der Raum-Energie und nicht über eine Art Schwerkraft oder Massenanziehung untereinander. Das Potentialfeld ist ein Energie-Feld und hat eine Feldstärke, ausgedrückt über den Beschleunigungsfaktor in [m / s²]. Leider sind der Druck und die innere Geschwindigkeit und die damit zusammenhängenden Feldparameter von dem Energiefeld noch nicht bestimmt.

## 6.1 Offene Fragen, die zu klären sind

Die bisherigen Theorien geben keine schlüssige Antwort auf die Frage, wie entsteht Materie in den Galaxien, deren Systeme im Universum mit erheblichen Abständen zueinander unregelmäßig verteilt sind und sich als aktive Materie-Produzenten in unterschiedlichsten Formen zur Zeit laufend weiterentwickeln.

Die bisherigen Theorien geben keine schlüssige Antwort auf die Frage, was ist Licht und wie wird Licht und sonstige energetische Strahlung generiert und empfangen.

Die bisherigen Theorien geben keine schlüssige Antwort auf die Frage, wie und warum wird Licht und sonstige Strahlung gleichzeitig in beliebige Richtungen übertragen, und das über die uns bekannten Milliarden von Lichtjahren hinweg.

Die bisherigen Theorien geben keine schlüssige Antwort auf die Frage, was ist der Grund für die sogenannte Massenanziehungskraft und warum hat Materie eine Masse und setzt jeder Bewegungsveränderung und somit Beschleunigung eine Kraft entgegen.

Die bisherigen Theorien geben keine schlüssige Antwort auf die Frage, woher kommt die Energie bei der Kernfusion und atomaren Kernspaltung und wie wird diese Energie übertragen.

**Mit der hier vorgestellten Energiefeld-Theorie wird zumindest auf die obigen Fragen eine mögliche Antwort gegeben.**

In der hier aufgestellten Energiefeld-Theorie ist der zentrale Punkt in der Frage zu finden, wo bleibt der direkte Beweis. Wenn das möglich wäre, wären die obigen Abhandlungen nicht erforderlich und aus der Theorie schon längst ein bewiesenes Wissen geworden und andere wären schon längst darauf gekommen. Von daher sind nur indirekte Hinweise möglich, denn eine Theorie ist noch lange kein Faktum. Aber logische Ableitungen sind auch Hinweise zum möglichen Faktum.

Die Energiefeld-Theorie leitet sich aus der logischen Folgerung ab, von nichts kommt nichts. Da die Raum-Energie mit keinen uns zur Verfügung stehenden Sinnen und physikalischen Reaktionen und Messgeräten aufgrund der Unschärferelation erfassbar ist, bleiben nur die indirekten Hinweise, denn wir selbst sind ein Teil davon und werden von ihr durchdrungen und sie hält die Atomkerne zusammen. Es besteht aber die Hoffnung mit der zukünftigen Wissenschaft auch zu praktischen Beweisen für diese Theorie zu gelangen. Selbst die Quanten-Theorie und die String-Theorien konnten noch nicht durch Messung bewiesen werden, weil die Messung selbst die Ursache, die gemessen werden soll, verbraucht. Das Verhalten der Teilchen ist dermaßen statistisch, dass alle klassischen Mess-Methoden versagen.

Wie kann etwas nachgewiesen werden, hier das Feld der Raum-Energie, was das für uns einsehbare Universum ausfüllen soll, aber selbst keine Masse besitzt und keine messbaren direkten Wechselwirkungen mit der vorhandenen Materie anzeigt. Von daher ist die Raum-Energie nicht direkt nachweisbar. Es bleiben nur Sekundär-Effekte übrig, um Hinweise auf die Existenz der Raum-Energie zu geben.

## 6.2  Meine Behauptungen zur Existenz der Raum-Energie

1. Die Raum-Energie soll alles durchdringen und nur von der festen Materie der Atome und insbesondere den Atomkernen räumlich verdrängt werden.

2. Die Raum-Energie soll unter so hohem Druck im Potentialfeld der Raum-Energie stehen, so dass die

Atomkerne nur den kleinstmöglichen Raum verdrängen. Dadurch werden die sich abstoßenden Protonen zusammen mit den Neutronen auf dem möglichst kleinsten Raum, auch bei höchsten Temperaturen wie in den Sonnen und dem Plasma, sehr stabil zusammenhalten.

3. Die Raum-Energie soll die Schwingungen der Atomkerne direkt in Form von Druckschwingungen übernehmen und verlustfrei mit Lichtgeschwindigkeit weiterleiten. Das Feld der Raum-Energie überträgt die Strahlung räumlich kugelförmig über Milliarden von Lichtjahren und speichert somit die Strahlungsenergie. Bei Auftreffen der Strahlung auf Materie werden wiederum deren Atomkerne in gleichfrequente oder resonante Schwingungen versetzt und die auftreffende Energie wieder in der Materie gespeichert. Die Atomkerne geben dann diese aufgenommene Energie an ihre Umgebung entsprechend ihrer Eigenschaft umgeformt weiter.

4. Die Raum-Energie soll in sich selbst auch in die Form von Materie umgewandelt werden können, und somit einen anderen Aggregatzustand annehmen. Materie wäre somit kondensierte Raum-Energie und damit gespeicherte Energie. Dieser Aggregatzustand benötigt Volumen und verdrängt an der Stelle die Raum-Energie. Aus welchen Teilchen die Atome bestehen bis hin zu den Quarks und Co, ist in der allgemeinen Literatur, je nach Theorie, angeführt.

5. Die Umwandlung von Raum-Energie in Materie soll in den Zentren der Galaxien erfolgen, den sogenannten Schwarzen Löchern, die laufend aus der umgebenden Raum-Energie neue Materie generieren können. Der Entstehungsort der Materie ist somit nicht der zentrale Urknall, sondern ein laufend fortschreitender Prozess innerhalb Milliarden von Galaxien in dem für uns einsehbaren Universum.

6. Der potentielle Bezug der Materie im Weltraum zueinander soll nicht durch Massenanziehungskraft bestehen, sondern durch den Bezug aus ihrem jeweiligen Energiepotential untereinander. Das Energiepotential, ausgehend vom Entstehungsort der Materie, ist eine genealogische Weiterentwicklung von Energieeintrag und Energieentzug. Große Masseeinheiten verzerren durch ihre räumliche Verdrängung das Potentialfeld der Raum-Energie und bilden in dem Feld kugelförmige Senken. Im Schnitt gesehen bildet die Verzerrung des Potentialfeldes durch Massekonzentrationen einen parabolischen Trichter aus, der je nach Abstand Äquipotential-Bereiche im Feld der Raum-Energie darstellt.

7. Die Gravitation soll für sich das Bestreben der Materie sein, im Feld der Raum-Energie den kleinstmöglichen Raum einzunehmen oder zu verdrängen. Im Umkehrschluss, die Raum-Energie übt über ihr Potentialfeld auf die Materie einen ungeheuren Druck aus, das möglichst kleinste Volumen anzunehmen, das ist im energetisch ausgeglichenen Zustand die Kugelform. Die Gravitation der Materie zueinander ist von

daher eine Raumsenke im Feld der Raum-Energie und somit ein Energie-Potential.

8. Bei der Kernfusion und Kernspaltung soll ein Teil dieser in der Materie gespeicherten Raum-Energie wieder freigesetzt werden und zurück zur Raum-Energie übergehen. Das Verdrängungs-Volumen nach der Kernfusion, oder die interne Masse nach der Atomspaltung der atomar reagierten Materie, ist nach den atomaren Vorgängen geringer als vorher und gibt von daher Raum-Energie frei. Die freigesetzte Raum-Energie wird als Strahlung abgegeben und in Rückwirkungen mit umgebender Materie in verschiedene Frequenzen transformiert und mit Lichtgeschwindigkeit in den Weltraum abgestrahlt. Somit wird die in den Galaxien zu Materie umgewandelte Raum-Energie wieder an das Feld der Raum-Energie zurückgegeben. Energie geht dabei nicht verloren. Bei atomaren Vorgängen wird somit die einmal in die Materie eingespeicherte Raum-Energie in andere Energieformen transformiert.

9. Alle Schwingungen, die durch Druckwellen der Raum-Energie in den Atomkern induziert werden, übertragen sich auch auf die Elektronenhülle und haben Schwingungs-Veränderungen und Potentialsprünge oder Änderungen im Spin-Verhalten der Elektronen in ihren Schalen zur Folge und umgekehrt. Das ist der Grundstein für die Klärung der Frage, wie wird Licht und sonstige Strahlung über Milliarden von Lichtjahren fast verlustfrei übertragen. Es ist das Energiefeld in unserem Universum, was das ermöglicht.

# Schlusswort

Die genannten Beispiele und Abhandlungen sind nur eine Anzahl von Fällen, in denen die Aktionen und Reaktionen auf das Vorhandensein des Potentialfeldes der Raum-Energie als logische Ableitungen aufgezeichnet werden. Die Quastsche Energiefeld-Theorie kann zum Hinweis auf deren Existenz noch auf andere Effekte wesentlich erweitert werden und müsste noch in verschiedenen Punkten umfangreich mathematisch untermauert werden. Zum Beispiel ist die Frage zu klären, wie hoch muss der Potential-Druck der Raum-Energie sein, damit Atomkerne zusammengehalten werden und die sich gleichnamig geladenen Protonen nicht infolge ihrer Ladung abstoßen und auseinanderfliegen. Nach der Energiefeld-Theorie verdrängen die Atomkerne die Raum-Energie und stehen somit unter einem erheblichen Gegendruck. Das Atommodell selbst ist aber auch nur eine Theorie, die noch nicht in allen Einzelheiten geklärt ist. Von daher bezieht sich die Energiefeld-Theorie, wie hier dargestellt, auf das bisher allgemein anerkannte Bohrsche Atommodell.

Die bisherigen mathematischen Modelle sind auf die neue Theorie anpassbar. Es gibt noch viel zu tun, denn ein Zündfunke mit dem heutigen Stand der Energiefeld-Theorie im Jahr 2010 kann noch nicht das Endergebnis sein. Erst wenn die Modelle zur Energiefeld-Theorie anerkannt werden, wird sich eine neue Forschungs- und Wissenswelt eröffnen können.

Das alles ist nach wie vor Neuland. Die Energiefeld-Theorie weicht auch erheblich von den bisherigen Erklärungsmodellen vom Urknall ab und ermöglicht meiner Meinung nach erstmals ein logisch zusammenhängendes Erklärungsmodell vom Universum und so manchen physikalischen Vorgängen. Es kann in diesem Fall auch nicht auf Literaturhinweise direkt Bezug genommen werden, da ich diese, meine Energiefeld-Theorie, nicht irgendwo vorher schon mal gelesen habe. Auch die Äther-Theorie um 1670 bis 1900 oder die String-Theorien um 1970 herum bis hin zur M-Theorie, die fünf verschiedene String-Theorien zusammenfasst, können diese hier aufgezeichneten Ableitungen und Folgerungen aus der Quastschen Energiefeld-Theorie nicht hervorbringen.

Dazu ist anzumerken, dass ich im August 2010 über Suche Artikel „Äther" in Wikipedia und Google Books Einsicht in die Werke des Christian Huyghens (1629 bis 1695) und des Eduard von Hartmann aus dem Jahr 1902 nehmen konnte. Der Titel des Werkes des Christian Huyghens, übertragen im Jahr 1890 von W. Engelmann lautet: „Abhandlung über das Licht" und der Titel des Werkes des Eduard von Hartmann lautet: „ Die Weltanschauung der Modernen Physik" unter books.google.de nachzulesen.

Die darin angeführten Äther-Theorien sind erstaunlich weit ausgebaut und mit dem damaligen Wissen über die physikalischen Zusammenhänge von Energie in Wechselwirkung mit der Materie logisch abgeleitet und sehr verständlich dargestellt. Das wurde nun schon vor über 300 und im zweiten Fall 100 Jahren aufgezeigt und was ist daraus geworden? Würde der von den Wissenschaftlern gewählte Begriff „Äther" durch meine Definition der Quastschen Energiefeld-Theorie mit dem Potentialfeld der

„Raum-Energie" ersetzt werden, würden sich die Werke ganz anders lesen. Damals suchten die Wissenschaftler noch nach teilchenbehafteten Übertragungs-Medien für das Licht, die den Molekülen in den Medien Luft oder Wasser vergleichbar wären. Da diese Teilchen nicht gefunden wurden, wurde die Äther-Theorie ausgegrenzt. Insbesondere hat Albert Einstein diese Theorien in den Jahren nach 1900 mit seiner Behauptung von der Absolutheit der Geschwindigkeit von Licht und Gravitationswellen und den damit fehlenden Dopplereffekten ausgeschlossen.

Leider sind diese Arbeiten nicht so anerkannt und auch, soweit mir bekannt, nicht weiterentwickelt worden. Es ist als Grund mal wieder die Konkurrenz unter den Wissenschaftlern zu sehen, die Fortschritte in unkonventionelle Richtungen außerhalb ihrer Kreise ignoriert, unterdrücken und im Hinblick auf ihre Auffassung ausgrenzen. Das meinte sogar schon damals Eduard von Hartmann in seinem Vorwort zu seinem Buch. Normal auf Logik aufgebaute Ableitungen gelten als unwissenschaftlich und wenn dazu noch mathematische Ableitungen und durch Messungen belegbare Beweise fehlen, ist die Anerkennung selten gegeben. Aber auf diesem Sektor der Raum-Energie gibt es bisher keine messbaren Beweise und Experimente, sonst wäre das alles schon längst Stand des Welt-Bildes und der Kosmologie. Energie oder ein Energiepotential sind aber für sich nicht messbar, sie können nur indirekt errechnet werden!

Diese indirekten Berechnungen beschäftigen inzwischen auch die Forscher am US-Teilchenbeschleuniger „Tevatron" am Fermilab bei Chicago und am Large Hadron Collider

(LHC) in Genf. Es treten bei den neuen Kollisionsversuchen mit Materie und quasi-Antimaterie völlig unerwartete hohe energetische Effekte auf, so dass man von einer noch unbekannten Grundkraft der Natur spricht, die man als die fünfte Grundkraft bezeichnen möchte. Hinweis Quelle 14.

**Die noch unbekannte fünfte Grundkraft der Natur könnte nach der hier aufgezeichneten Energiefeld-Theorie die Raum-Energie sein. Wenn Atomteilchen umgeformt, zerstört oder aufgelöst werden, wird Raum-Volumen freigegeben und damit Raum-Energie freigesetzt. Das könnte eine nutzbare Energiequelle für die Menschheit werden.**

Vorgänge aus dem Universum lassen sich nicht einfach auf die Erde holen, es bleibt uns als Informant nur die Strahlung, die ja irgendwie übertragen wird. Aber wie wird die Strahlung übertragen? Die Lösung ist mit dieser, meiner Ableitung der Quastschen Energiefeld-Theorie gegeben.

Die Bezüge zu dem vorhandenen Wissensstand sind der allgemein zugänglichen Literatur entnommen, siehe Quellenhinweise. In den mir bekannten wissenschaftlichen Abhandlungen ist die hier aufgestellte Theorie vom Energiefeld der Raum-Energie in dieser Form, Behauptungen und logischen Abhandlung noch nicht aufgetreten. In seinem Buch Quelle 1: „Expedition an die Grenzen der Raumzeit" und Quelle 2: „Der große Entwurf, eine neue Erklärung des Universums" des Stephen W. Hawking gibt er selbst zu, dass der ihm bekannte Stand der bisherigen Wissenschaft noch nicht das Ende der Erkenntnis sein kann, denn zu viele Fragen sind noch offen. Er hofft aber, die Lösung der offenen Fragen zu einer einheitlichen Theorie für das Universum noch zu seinen Lebzeiten zu erfahren und hat das im Jahr 2010 mit der M-Theorie versucht. Leider aber ist die erwähnte M-Theorie des Brian Greene Quelle 3: „Der Stoff, aus dem der Kosmos ist" und des Stephan W. Hawking, wie er selbst zugibt, nur eine Zusammenfassung der bisherigen fünf String-Theorien zur Kosmologie. Die Erklärungs-Modelle vom Urknall und von der Massenanziehungskraft und von den elektromagnetischen Wellen und der Photonen-Theorie als Teilchen sind immer noch die gleichen aus den letzten einhundert Jahren. Ein verständliches Bild zur Kosmologie lässt sich aus den bisherigen Theorien nicht ableiten, denn hinter den Theorien stehen mathematische Ableitungen, die nur wenige, in diese Mathematik eingeweihte Wissenschaftler, verstehen. Aber auch sie können aus ihren Formeln nicht verständlich erklären, was ist Masse, was ist Licht und woher kommt die Energie.

Ich bin davon überzeugt, dass mit dem neuen Ansatz zur Kosmologie über die Energiefeld-Theorie viele offene Fragen zu dem Woher und Wohin zum Universum geklärt worden sind und auch noch geklärt werden. Es lassen sich daraus auch Erklärungen und Beweise ableiten, die bisher offene Fragen zur Schwachen Wechselwirkung und Starken Wechselwirkung der Materie und auch zu den Feldtheorien der elektromagnetischen Kraft und der Schwerkraft noch nicht in einen Zusammenhang bringen konnten. Damit wäre die Wissenschaft dem Ziel der Großen Vereinheitlichung wesentlich näher, als mit den bisherigen Theorien vom Universum. Weiterhin ist auch von daher die offene Frage der einheitlichen mathematischen Zusammenführung von der Einsteinschen allgemeinen und besonderen Relativitäts-Theorie und der Quanten-Theorie und den Feld-Theorien möglich geworden.

**Es muss der Bezug zur Energie-Bilanz hergestellt werden, Materie ist Energie und umgekehrt!**

Es ist somit an der Zeit, die Anregungen zu nutzen, die bisherigen Theorien und mathematischen Ableitungen zum Universum mit der Energiefeld-Theorie in Einklang zu bringen. Hiermit ist der Ansatz zu einer einheitlichen Theorie zum Universum in seinem Ursprung und Werdegang gegeben.

Stephan W. Hawking schrieb: Wenn meine Zuversicht nicht täuscht, werden wir eines Tages ein in sich schlüssiges Modell finden, das alles im Universum beschreibt. Gelingt uns das, wird es ein wirklicher Triumph für die Menschheit sein. Hinweis Quelle 1, Seit 62. Das wäre eine Erfüllung zu den geäußerten Wünschen von Albert Einstein und Stephan W. Hawking, die mit ihren eigenen Erkenntnissen nicht zufrieden waren und auf eine Lösung der offenen Fragen hoffen.

### Wunsch

Für sachlich begründete, schriftliche Beiträge zur Erhärtung oder auch zur Ablehnung der Energiefeld-Theorie wäre ich dem Leser dankbar. Fachbeiträge könnten gesammelt und bekanntgegeben werden.

Mit den hier aufgezeigten Begründungen zur Existenz der Raum-Energie ist erst ein Anfang vorgestellt und kann nur einige wenige Beispiele zur Bestätigung der Energiefeld-Theorie aufzeigen. Bei literarischem Bezug auf die hier aufgestellte Energiefeld-Theorie© soll der Begriff „**Quastsche Energiefeld-Theorie**"© als mit Urheberrecht versehen und unter Gebrauchsmusterschutz Copyright mit erwähnt werden. Copyright ist angemeldet bei copyrightoffice und notatus.

Dipl. Ing. Günter von Quast
Im Jahr 2011

# Literatur- und Bild-Hinweise

Quelle 1:
Expedition an die Grenzen der Raumzeit,
Stephen W. Hawking, Rowohlt Verlag, ISBN 3-499-60132-X

Quelle 2:
Der große Entwurf, Eine neue Erklärung des Universums
Stephen W. Hawking u.a., Rowohlt Verlag,
ISBN 978-498-02991-3

Quelle 3:
Der Stoff, aus dem der Kosmos ist,
Brian Greene, Goldmann Verlag, ISBN 987-3-442-15487-6

Quelle 4:
QED, die seltsame Theorie des Lichtes und der Materie
Richard P. Feynman, Piper Verlag, ISBN 978-3-492-21562-6

Quelle 5:
Auf der Suche nach Schrödingers Katze
John Gribbin, Piper Verlag, ISBN 978-3-492-24030-7

Quelle 6:
Sterne und Weltraum, Spezial 6,
Verlag Spektrum der Wissenschaft, ISBN 1434-2057,
D44972

Quelle 7:
Sterne und Weltraum, Dossier 1/2006
Verlag Spektrum der Wissenschaft, ISBN 1612-4618

Quelle 8:
Auf der Suche nach der Gegenwelt, S. 71
Dieter B. Herrmann, Verlag C. Beck,
ISBN 978 3 406 44504 0

Quelle 9:
Mystery-Themen bei MSN Wissen: wissen.de.msn.com/bilder.
Vom 12.01.2011

Quelle 10:
Einsteinring und Einsteinkreuz, de.wikipedia.org/wiki/

Quelle 11:
Atlas der Sterne und Planeten
Helmut Lingen Verlag GmbH & Co KG

Quelle 12:
Sendung Arte vom 26.02.10 zum Thema Schwerkraft:
Gibt es eine Weltformel?

Quelle 13:
www.gyrotwister.com

Quelle 14:
Forscher rätseln über Naturkraft
Spiegel Online von Markus Becker

www.ingramcontent.com/pod-product-compliance
Lightning Source LLC
Chambersburg PA
CBHW050052230526
45470CB00004B/1501